쉽게 배우는 도시 양봉

도시 양봉을 하다

김진아 저

전원문화사

머리말

우리는 봄이 되면 꽃이 피고 꿀벌들이 날아다니는 모습을 너무 당연하게 생각해 왔는지 모릅니다. 전 세계적으로 꿀벌의 개체 수는 걱정할 정도로 감소하고 있습니다. 도시 양봉은 작게는 자연 발생한 꽃꿀을 모아 식량자원인 꿀을 얻는 과정이고 크게는 꿀벌의 종을 보존하여 도시 생태계의 균형을 맞추는 행위입니다.

우리가 도시 양봉을 통해 지키고자 하는 꿀벌은 독특한 생물체입니다. 스스로 먹이를 채집하여 생활하기에 인간이 그들에게 해줄 수 있는 일이라고는 더 좋은 도시 환경을 만들어 주는 것뿐입니다. 꿀벌의 먹이가 될 꽃이 많이 피고, 꿀벌이 마음껏 날아다니며 생활할 수 있는 환경이라면 분명 인간에게도 살기 좋은 환경일 것입니다.

꿀벌을 키우는 일은 약간의 용기가 필요한 일인지 모릅니다. 또한 수만 마리의 꿀벌을 관리해야 하는 만큼 책임감도 요구됩니다. 하지만 도시 양봉을 통해 우리는 그 동안 스쳐 지나갔던 도시에서의 계절의 변화, 도시 식생의 다양성에 대해 눈 뜨게 되는 계기가 되어 줄 것입니다.

내가 사는 도시의 생태계 개선을 위해 또는 나의 가족이 믿고 먹을 수 있는 꿀을 얻기 위해 도시 양봉을 도전해 보려는 사람에게 이 책이 작은 길잡이가 되었으면 합니다.

저자 김진아

차례

 꿀벌의 질병

왜 도시 양봉인가

실제적인 양봉에 대해 배우기 전에 도시 양봉이 왜 필요한지, 도시에서 양봉하면 무엇이 좋은 지 그리고 은퇴자를 위해 양봉이 어떤 면에서 좋은 지에 대해 자세히 알아보자.

도시 양봉의 필요성

 꿀벌이 사라지면 4년 안에 인류가 멸망한다?

'꿀벌이 사라지면 인류는 4년 안에 멸망한다'라는 아인슈타인의 유명한 말이 있다. 인류의 생사와 꿀벌이 도대체 무슨 상관관계가 있기에 물리학자까지 나서서 꿀벌의 중요성을 이야기한 것일까? 꿀벌의 문제는 곧 인류의 식량문제이기 때문이다. 유엔식량농업기구(FAO)에 따르면 전 세계 식량작물 가운데 63%가 꿀벌의 꽃가루받이에 의해 열매를 맺는다고 한다. 그러니까 꿀벌이 사라지면 인류가 식량으로 활용하는 작물 중 60% 가량이 열매를 맺지 못해 사라진다. 식량 작물뿐만 아니라 생태계를 구성하고 있는 다양한 식물들의 종자가 다음 세대로 전해지지 못하게 되고 이것은 생태계의 파괴를 의미하여 인류의 멸망으로 이어질 수 있을 것이다.

꿀벌이 사라지는 현상

2006년 미국에서는 꿀과 꽃가루를 채집하러 나갔던 일벌들이 갑자기 돌아오지 않는 일이 발생했다. 먹이 활동을 담당하는 일벌이 갑자기 사라지자 집에 있는 애벌레와 여왕벌도 생존할 수 없어 꿀벌의 군집이 살아가지 못하는 현상이 일어났다. 이것을 '군집붕괴현상(CCD)'이라고 하는데 미국뿐 아니라 전 세계에서 비슷한 현상이 관찰되면서 꿀벌의 개체 수가 감소하고 있다. CCD를 규명하기 위해서 여러 가지 연구가 이루어지고 있지만 아직 명확한 원인이 밝혀지지 않은 상황이다.

다행히 우리나라에서 아직 CCD는 발생하지 않았지만 최근의 급격한 기후 변화로 꿀벌의 먹이가 되는 꽃의 개화시기와 개화 분포가 변화하고 이상 기온으로 인한 폭염이나 한파 등 꿀벌이 생활하기 어려운 환경들이 계속되고 있다. 토종벌의 경우 2010년 낭충봉아부패병이 전국적으로 발병하며 전체 토종벌 봉군의 90% 가량이 폐사한 이후로 세력을 회복하지 못하고 있는 실정이다.

벌통 위에 모여 있는 일벌들

 믿고 먹을 수 있는 꿀

꿀은 다른 농산물과는 조금 다른 유통 구조를 가지고 있다. 대부분의 농산물은 현지에서 생산된 다음 도매 시장을 거치고 소매점, 소비자에게 전해지는 구조를 가지고 있다. 유통 구조가 복잡하다 보니 생산자와 소비자보다는 중간 유통과정에서 이익을 독점하는 구조라는 문제점이 있었다. 그래서 최근에는 소규모 농산물 꾸러미 등을 통해 생산자가 소비자에게 바로 생산물을 보내는 일들이 실험적으로 이루어지고 있기는 하나 아직은 일부에 지나지 않는다.

하지만 꿀은 국내 생산량의 70% 가량이 직거래를 통해 이루어지고 있다. 어찌 보면 선진적인 유통 구조로 보이는 이러한 직거래에는 꿀에 대한 불신이라는 현실이 담겨 있다. 사람들은 마트에 파는 꿀도 백화점에서 파는 꿀도 쉽게 믿지 못한다. 그나마 친척 또는 아는 사람의 얼굴을 믿고 꿀을 구매하는 것이다.

벌집 안에 들어 있는 꿀

요즘은 법적으로 설탕 사양벌꿀이 구분되면서 마트에서 일반 꿀은 구하기도 어려워졌다.

(* **소규모 농산물 꾸러미** - 생산자와 소비자가 일정한 계약을 통해 지정된 기간 동안 생산자가 소비자에게 농산물을 직접 발송하는 형태의 유통 구조)

 도시 양봉 꿀에 대한 오해와 진실

믿을 수 있는 꿀을 만나기는 어렵지만 사람들은 꿀을 꾸준히 찾는다. 꿀 특유의 맛과 향의 유혹 때문일 수도 있고 꿀의 효능에 끌리는 것일 수도 있다. 안전하고 믿을 수 있는 채소를 얻기 위해 주말농장에서 작물을 기르듯이 도심의 옥상에서 꿀을 얻기 위해 양봉을 할 수 있다. 하지만 도시에서 생산한 꿀을 과연 안전하고 믿을 수 있는 꿀이라고 부를 수 있느냐가 걱정일 것이다. 도심의 오염된 물질이 꿀에 섞여 들어갔을 거라는 걱정을 하게 마련이다. 하지만 꿀이 생산되는 과정을 이해한다면 이런 걱정은 기우였다는 것을 알게 될 것이다.

일벌은 꽃에서 꽃꿀(nectar, 꽃의 꿀샘에서 분비하는 당액)을 채집하여 저장 주머니라고 불리는 두 번째 위에 저장하여 온

일벌은 벌방에 꽃꿀을 벌방에 저장하고 위의 전화효소를 통해 꿀로
변화시킨다.

다. 벌통으로 돌아온 일벌은 집에서 일하는 어린 벌에게 꽃꿀을 전달한 후 다시 채집을 하러 나가고 벌통 내부의 일을 맡아서 보고 있는 어린 일벌은 전달받은 꿀을 빈 벌방에 저장한다. 꽃꿀은 벌방에 저장된 이후에 수분도를 낮추는 과정과 여러 번의 전화과정(꽃꿀이 일벌의 위 속의 전화효소와 섞이며 꿀로 변화하는 과정)을 거쳐야 숙성꿀이 된다. 식물의 꽃에서 만들어진 꽃꿀은 꿀로 변환하는 과정에서 여러 마리의 일벌을 거치며 유해 성분이 걸러진다.

하지만 도시 양봉의 모든 것이 안전한 것은 아니다. 대표적인 양봉 부산물 중 요즘 각광을 받고 있는 것이 꽃가루(화분)인데 도심지에서의 화분 채취는 꿀과 달리 추천하지 않는다. 길가의 먼지나 매연이 그대로 붙은 꽃가루를 벌통 입구에서 바로 수확하므로 먼지가 걸러질 수 없는 구조이기에 꽃가루의 채집은 주변의 환경적 요인을 고려한 다음 행해져야 할 것이다.

일벌은 꽃에서 꿀과 꽃가루를 수집하여 벌통으로 돌아온다.

조심해야 할 독성이 있는 도시 꽃

봄철 대표 밀원 철쭉

꿀의 성분은 꽃마다 약간씩 차이가 있다. 그 중에는 독성을 포함하고 있는 꿀도 있다. 우리나라에 서식하는 독성이 있는 꽃으로는 진달래, 철쭉, 쥐똥나무꽃 등이 있는데 이러한 꽃들의 꿀에 포함된 그라야노톡신(grayanotoxin)이라는 성분은 의식 저하와 구토 등을 유발한다. 한꺼번에 다량 섭취 시에는 사망에 이르는 경우도 있기 때문에 양봉장 근처에 이러한 꽃이 많이 분포한다면 주의해야 한다.

특히 도시에는 조경용으로 철쭉이 많이 심겨져 있고 도로가의 생울타리로 쥐똥나무도 많기 때문에 이들 꽃이 피는 시기에는 꿀 생산에 철저한 관리가 필요하다.

그라야노톡신 성분은 꿀벌에게 영향을 주지 않으므로 독성이 있는 꿀은 채밀하지 않고 여름 장마철 무밀기나 월동용으로 사용하면 된다.

도시에서 양봉하면 좋은 이유

도심의 옥상에 조성된 양봉장

🐝 시골보다 쉬운 도시에서의 양봉

취미로 양봉을 하기 위해 시골을 왔다 갔다 할 필요는 없다. 내가 살고 있는 곳과 가까운 도시의 옥상 등을 활용하면 시골에서보다 좋은 품질의 꿀을 생산할 수 있다. 알고 보면 도시가 더 벌들이 살기 좋은 환경이기 때문에 벌을 위해 도시에 벌통을 놓아두자.

🐝 고온 건조한 도시 환경

도시의 높은 기온과 건조한 날씨는 벌들이 살아가기에 가장 좋은 환경이다. 꿀벌은 습기에 취약하여 장기간 습기에 노출되면 노제마나 부저병 등의 질병에 걸리기 쉽다(꿀벌의 질병에 관한 내용은 6장을 참고). 초보 양봉가에게 가장 어려운 부분 중 하나가 월동하기인데 프랑스 양봉협회(2006년 조사)에 따르면 겨우내 꿀벌 생존율이 농촌에서는 40% 미만, 도시는 62.5%로 조사되었다.

 ## 빠른 봄꽃의 개화

봄이 되면 곳곳에서 봄꽃이 피기 시작한다. 보통 봄은 남쪽부터 올라온다고 하는데 정말로 봄꽃의 개화도 남쪽부터 시작할까? 사실 요즘 꽃의 개화는 꼭 그렇지는 않은 것 같다. 간단한 예로 2017년 진해 벚꽃 축제와 여의도 벚꽃 축제는 거의 같은 시기에 열렸다. 위도 상으로 차이가 많이 나는 두 지역에서 비슷한 시기에 축제가 열린다는 것은 봄꽃의 개화시기가 위도의 문제는 아니라는 것을 의미한다. 진해에 비해 훨씬 도시화된 서울에서는 열섬 현상으로 꽃의 개화가 촉진된다.

새로 유입되는 꿀과 신선한 꽃가루는 일벌과 여왕벌에게 산란을 확대해야 할 시기라는 신호가 되어준다. 도심의 벌들은 시골의 벌들보다 겨울을 빨리 마무리하고 봄을 맞이할 수 있다.

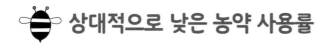 ## 상대적으로 낮은 농약 사용률

농약 살포는 벌들이 집단적으로 폐사하는 가장 큰 원인이다. 특히 장마철을 전후로 하는 시기는 농작물의 질병 예방과 치료를 위해 농약이 많이 살포된다. 벌들의 활동 반경을 통제할

꽃이 피어있는 도심 공원의 화단

수도 없고 주변 농가에 농약 사용을 제한할 수도 없기 때문에 양봉가와 농부 사이에 분란의 소지가 되기 쉬운 문제이다. 특히 항공방제를 통한 농약 살포는 꿀벌들에게 치명적이다.

물론 도심에서도 농약을 사용한다. 매년 지자체에서는 가로수 등을 소독하고 있지만 최근에는 수목 소독에 사용되는 약제를 친환경 약제로 바꾸고 횟수도 줄이는 추세이다. 각 지자체의 도시환경과를 통해 우리 지역의 수목 소독 시기와 사용되는 약제 등을 확인할 수 있다.

다양한 밀원식물

우리는 도시가 삭막하기만 한 곳이라고 생각하기 쉽다. 하지만 주변을 조금 둘러보면 생각보다 많은 식물들이 살아가고 있다. 아파트의 화단 그늘진 곳의 맥문동에서부터 봄철의 대표 가로수인 벚나무, 도로가의 쥐똥나무까지. 생각해보면 횡단보도 앞에 안전을 위해 설치된 구조물 위에도 흙이 담겨 있고 꽃이 심겨 있다. 특히 그런 공공공간의 꽃들은 꽃이 지기가 무섭게 다시 화려한 꽃들로 바뀐다. 요즘은 지자체 별로 도시 환경 개선에 신경을 많이 쓰기 때문에 생각하지도 못한 작은 공간에도 조경용 화단이 조성되어 있는 경우가 많다.

농작물 중심의 단식재배가 되는 농촌의 경우 농작물이 아닌 밀원식물은 잡초 취급을 당해 베어지기 쉽다.

특히 농작물의 수확기인 가을에는 일부러 밀원식물을 조성하지 않으면 꿀벌의 먹이가 될 만한 꽃이 많지 않다. 때문에 가을에는 꿀벌간의 경쟁이 심해져 다른 벌통의 꿀을 훔쳐가는 도봉이 발생하기도 한다.

알아두면 좋아요

도시에서 더 만나기 쉬운 밀원식물

들이나 산에 가면 다양한 식물을 만나 볼 수 있다. 하지만 도시에서 더 만나기 쉬운 식물들도 존재한다.

가장 대표적인 예로 회양목을 들 수 있을 것이다. 회양목이라는 이름을 들으면 잘 떠오르지 않을지 모르겠지만 아파트의 화단이나 도로가의 울타리로 많이 심겨있는 작고 둥그스름한 잎사귀를 가진 식물을 보지 못한 사람은 없을 것이다.

천천히 자라기로 유명한 이 나무는 다른 식물들은 이제 막 움을 틔우는 3월 중순 짧은 기간 동안 꽃을 피운다. 길가를 지나는 사람들의 눈에는 거의 띄지 않을 만큼 작고 화려하지 않은 꽃이지만 이른 봄을 준비하는 도시의 꿀벌들에게는 너무나 소중한 존재이다.

꿀벌에게 봄은 겨울동안 줄어든 세력을 보충해야 하는 시기로 애벌레를 먹이기 위해 기를 꽃가루가 필수적이다. 다시 찾아오는 봄, 화단의 회양목을 유심히 관찰해 보자. 꽃가루를 채집해 가기 위한 일벌들의 분주한 몸부림이 보일 것이다.

회양목 말고도 도시에서 더 자주 보이는 밀원식물로는 명자나무, 벚나무, 쥐똥나무, 철쭉, 무궁화, 모감주 등이 있다. 계절별로 피는 도시의 밀원식물을 찾아보는 재미를 느껴보자.

도시의 화단에서 많이 보이는 밀원식물, 회양목

도시 양봉의 한계

낮은 경제성

도시가 아무리 벌을 키우기 좋은 환경이라고 해도 도심에서의 양봉이 좋은 면만 있는 것은 아니다. 대부분의 도시 양봉은 도심의 옥상을 활용하여 이루어지는데 옥상의 면적은 제한되어 있는데다가 주변의 불편을 고려한다면 너무 많은 벌통을 놓는 것은 무리가 있다. 이러한 도시라는 공간적 한계로 인해 한 장소에 여러 통의 벌을 놓고 키울 수 없다 보니 경제성이 낮은 측면이 있다. 도시 양봉은 대규모의 산업으로 발전하기 어려워 취미의 수준에 머무는 한계가 있다.

민원 발생 가능성

아직 우리나라에서는 도시 양봉에 관한 법령이 정비되지 않아 어느 장소에서 벌을 키우든지 법적으로 문제되지는 않는다. 하지만 도시에서 양봉을 하다 보면 내가 사는 곳 근처에 벌이 있다는 것만으로도 불편해 하는 사람들과의 갈등이 발생할 수 있다. 옥상에서 키우는 벌의 경우 바로 옆의 건물에서도 벌들의 존재를 잘 느끼지 못 할 정도이지만 분봉(여왕벌과 일벌의 일부가 벌통을 떠나 새로운 곳으로 옮겨가는 일)이 발생하여 일시적으로 벌들이 쏟아져 나오면 수많은 벌들이 보여주는 시각적인 효과 때문에 문제가 되기도 한다. 분봉을 나온 벌들은 특정한 장소에 잘 모이는 특징이 있기 때문에 봄철에는 분봉이 날 것을 대비하여 주변 순찰을 하고 안내판을 설치하여 안전하게 분봉을 잡을 수 있도록 대비해야 할 것이다.

안전상의 문제가 되는 것은 아니지만 양봉을 할 때 가장 많은 민원이 발생하는 것은 이른 봄의 탈분(꿀벌의 배설)이다. 꿀벌의 대사 활동의 결과로 변을 보는데 월동 기간에는 참고 있다가 봄이 되어 외부 활동을 시작하면 한꺼번에 쏟아 낸다. 수만 마리의 일벌이 비슷한 시기에 탈분을 하면서 주변 건물이나 차량에 노란색 얼룩이 생기는데 잘 지워지지 않기 때문에 분쟁의 요소가 된다.

분봉 안내판

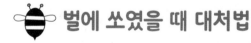
벌똥을 맞은 손

🐝 벌에 쏘였을 때 대처법

대부분 꿀벌의 공격은 주변을 날아다니는 꿀벌을 쫓기 위한 강렬한 움직임에 기인하는데 벌의 시각에서 이러한 움직임은 더욱 예민하게 감지되어 공격의 목표가 된다. 갈고리 형태를 한 일벌의 침에는 독주머니와 신경세포가 연결되어 있어 침을 쏜 이후에도 계속 움직이며 깊숙이 파고든다. 벌침과 함께 분비되는 경고 페로몬은 다른 동료들에게 공격의 신호가 되고 벌통 내의 다른 일벌들도 공격성을 띠게 되어 집단적으로 공격을 시도하기도 한다.

봉침에 쏘였을 때 알레르기 반응이 일어날 확률은 일만 분의 일이라고 하지만 양봉을 시작하기 이전에 봉독에 알레르기가 있는지 확인해 보는 것도 좋을 것 같다. 알레르기 반응으로는 전신 가려움증, 두드러기, 어지러움증, 호흡곤란 등이 생기는데 심한 경우 혀의 부종, 기도의 부종으로 인한 기도 패쇄나 쇼크가 올 수 있다. 본인의 체질을 확인하는 과정을 거치고 안전하게 양봉에 입문하기 바란다.

일벌의 독침은 한번 피부에 박히면 잘 빠지지 않고 독주머니에서 독이 계속 주입되기 때문에 가능한 빨리 독침을 제거하는 것이 좋다. 신용카드 등 딱딱한 물건으로 긁어서 침을 제거하고 상처 부위를 깨끗한 물로 씻어낸 후 진통 소염제, 스테로이드 연고를 바르거나 알레르기 약을 먹으면 증상을 완화시킬 수 있다. 어린 벌보다 나이든 벌에 쏘였을 때 증상이 더 심하게 나타나는데 얼음찜질을 해주면 심하게 붓는 것을 막을 수 있다.

양봉 장갑 박힌 벌침

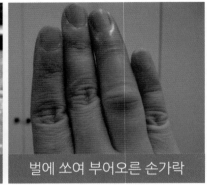
벌에 쏘여 부어오른 손가락

양봉을 시작하면서 꿀벌에 쏘이는 것을 걱정하는 분들이 많을 것이라 생각하지만 우려하는 것보다 벌통의 뚜껑을 열어 내부를 확인하는 내검 과정에서는 방충복을 입고 있기 때문에 벌에 쏘이는 일이 많지 않다. 방충복과 양봉장갑을 착용하고 내검을 하다 보면 공격을 시도하는 꿀벌은 조금 귀찮은 존재로 느껴질 뿐이다. 여러 마리의 일벌이 공격적으로 달려들어도 잠깐 피해 있거나 자리에 주저앉아 공격이 잦아들기를 기다리면 된다. 하지만 그것이 말벌의 공격이라면 이야기는 달라진다. 말벌의 독은 꿀벌에 비해 훨씬 강한데다가 침을 여러 번 사용할 수 있다. 또한 집단적으로 공격하는 일이 많기 때문에 말벌의 공격을 받게 되면 최대한 빠르게 그 자리를 벗어나야 한다.

은퇴자를 위한 양봉이 좋은 이유

 ## 정서적 안정감, 꿀벌과의 유대

꿀벌뿐만 아니라 곤충 자체를 꺼려하는 분들도 많지만 양봉가가 되고 나면 꿀벌을 바라보는 시각이 달라진다. 길을 가다 보이는 꽃송이 위의 꿀벌 한 마리도 열심히 일하러 나온 부지런한 일벌로 보여 기특한 마음이 먼저 든다.

벌통 입구에 앉아서 일벌들이 부지런히 들락거리며 꿀을 모아오고 작은 몸집에 꽃가루를 두 다리에 달고 들어오는 모습은 귀엽기도 하면서 애잔하게 느껴진다.

처음 벌통을 나만의 양봉장으로 옮겨왔을 때는 거칠게 웅웅거리던 벌들이 새로운 집자리에 익숙해지고 관리하는 손길에 익숙해지면 내검을 위해 벌통의 뚜껑을 열어도 의례 곧 뚜껑을 닫으리라는 것을 아는 것처럼 익숙하게 행동한다.

그렇게 되면 내검 자체도 수월해지고 일벌들이 하는 작은 행동들은 관찰하기 쉬워진다. 동료들에게 멋진 꽃밭의 위치를 알려주기 위해 꼬리춤을 춘다던가, 벌방 안에 머리를 박고 꿀을 저장하는 모습 등 하나하나 관찰하면 그들의 귀여운 모습에 내겁이 길어지기도 한다.

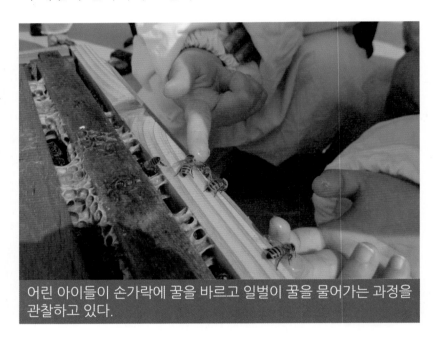

어린 아이들이 손가락에 꿀을 바르고 일벌이 꿀을 물어가는 과정을 관찰하고 있다.

🐝 주기적 신체활동

양봉도 하나의 농사다. 봄이 되어 벌들이 활동하는 시기가 되면 일이 시작되고 겨울이 다가와 벌들이 외부 활동을 멈추면 양봉가도 함께 일을 쉰다.

꿀벌이 활동하는 기간에 양봉가는 적어도 일주일에 한 번 양봉장을 방문해야 한다. 일주일에 한 번 정도, 두 시간 내외의 시간만 투자하면 된다.

무더위가 찾아오는 여름에는 방충복을 입고 벌을 보는 일이 힘이 들기도 하지만 주기적으로 외부 활동을 이어갈 수 있는 계기가 있다는 것은 삶의 원동력이 되어 줄 것이다.

특히 은퇴 이후의 생활을 생각해보면 갑자기 늘어난 시간을 감당하지 못하고 무기력해지는 경우가 많다. 일주일에 한 번 나를 기다리는 무언가가 있다는 것은 나태해지기 쉬운 은퇴자의 일상을 다채롭게 해 줄 것이다.

양봉동아리를 통한 사회활동

한정된 공간에서 취미로 도시 양봉을 하려는 사람에게 여러 개의 벌통은 부담스러울 수 있다. 그러나 한두 통의 벌을 가져다 놓고 벌을 키우다 보면 재미도 덜할 뿐만 아니라 위험 부담도 생긴다.

갑자기 여왕벌이 사라져 알이나 애벌레를 수급할 일이 생겼을 때, 혹은 장기간 양봉장을 비워야 할 일이 생겼을 때 함께 하는 모임이 있다면 큰 도움이 될 수 있다. 성충 일벌간의 벌통 이동은 싸움을 유발할 수 있기 때문에 조심해야 하지만 알이나 애벌레, 번데기 상태에서는 벌통의 이동이 자유롭기에 함께하는 양봉가에게 도움을 요청할 수 있다.

월 1, 2회 정도 지역의 양봉가들과 모임을 만들어 활동하면 내지역에 맞는 양봉을 할 수 있다. 양봉은 날씨와 기후, 주변 밀원식물의 분포에 많은 영향을 받기 때문에 다른 전문적인 지식도 필요하겠지만 지역의 축적된 경험이 더 큰 자산이 될 수 있다. 모임이 전문화된다면 협동조합의 형태 등으로 소비하고 남는 꿀을 공동의 브랜드로 판매할 수도 있다. 개인이 포장이나 판매처를 알아보는 일은 힘들어도 함께 모여서 한다면 더 큰 부가가치를 만들어 낼 수 있다.

남은 공간을 활용한 경제적 소득 창출

우리나라 은퇴자들의 경우 자산의 대부분이 주택의 형태로 되어 있다. 개인 주택이나 빌라를 소유하고 있는 경우라면 양봉을 통해 자산으로서의 가치에 더해 수익 창출이 가능하다.

관리 기술과 주변 지역 밀원식물의 분포에 따라 다르겠지만 1년에 1군의 벌에게서 약 10kg 이상의 숙성 꿀을 생산할 수 있다. 사실 이 정도 꿀이라면 한 가정이 1년에 소모하기에 많은 양이라고 할 수 있다.

만약 공간의 여유가 있어서 여러 통의 벌을 놓고 키운다면 그 이상의 꿀을 생산하게 되고 잉여 생산물이 생기게 마련이다. 도시 양봉장에서 생산한 꿀을 작은 병에 나누어 담아 두었다가 주변에 고마운 일이 생길 때, 또는 명절에 선물하면 받는 사람도 기분 좋고 주는 사람도 부담 없는 좋은 선물이 된다.

건물 옥상의 양봉장

시중에서 판매하는 꿀보다 높은 가격을 형성하는 숙성 꿀은 맛을 보아야 가치를 알 수 있기에 고품질의 꿀을 생산할 수 있는 기술을 익힌다면 그 가치를 인정하고 꿀의 맛과 영양을 원하는 이에게 판매할 수 있을 것이다.

본격적인 귀농 귀촌 이전의 예행연습

주변에서 은퇴 이후에 막연한 시골에 대한 동경이나 어린 시절 고향에 대한 향수로 귀농, 귀촌을 선택했다가 실패하고 다시 도시로 돌아오는 사례를 종종 볼 수 있다.

매달 월급이 나오는 도시의 직장과 달리 농촌의 수입 구조는 가을에 몰려 있다. 게다가 농사의 성과에 따라 수익이 반드시 보장되는 것도 아니다. 낯선 시골의 생활 방식에 적응하기도 어려운 상황에서 익숙하지 않은 농사를 짓는다는 것은 쉬운 일이 아니다.

도시 양봉을 통해 미리 꿀벌의 생태와 특성에 대해 이해하고 노하우를 축적해 둔다면 양봉을 통한 귀농이나 다른 농업과 병행함에 있어 적응하는데 많은 시간을 단축시켜 줄 것이다.

꿀벌의 생태

꿀벌의 생태를 알아보기 위해 꿀벌의 생김새부터 꿀벌의 종류와 특징 그리고 여왕벌과 수벌의 생태, 산란, 집에 대해 알아본다. 일벌과 토종벌의 생태와 특징 등에 대해 자세히 학습한다.

봉군의 구성

 꿀벌의 생김새

꿀벌의 생김새에 대해 알아보자. 꿀벌의 부위별 명칭을 자세히 살펴보자.

꿀벌의 부위별 명칭

❶ 날개 : 동양종 꿀벌과 서양종 꿀벌은 날개의 시맥 모양을 보고 구별 가능

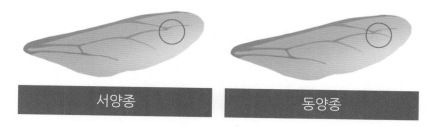

서양종	동양종

❷ 뒷다리 : 종아리마디의 바깥쪽에 꽃가루통이 있어 수집한 꽃가루를 붙여서 오는데 사용

❸ 가운뎃다리 : 가슴과 날개를 씻는데 사용

❹ 앞다리 : 눈과 더듬이를 씻는데 사용

❺ 더듬이 : 여러 개의 마디로 이루어졌으며 후각과 촉각을 감지

❻ 눈 : 한 쌍의 겹눈과 세 개의 홑눈을 가지고 모양, 색상, 움직임, 거리를 감지

꿀벌의 내부 기관

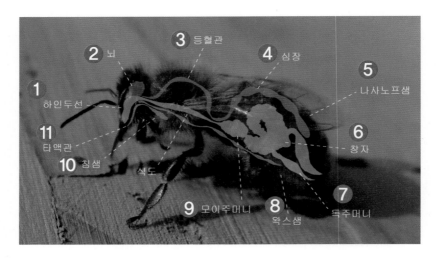

① **하인두선** : 로열젤리 분비

② **뇌** : 신경계의 주요 기관

③ **등혈관** : 혈액의 순환을 돕는 기관

④ **심장** : 혈액의 순환을 돕는 기관

⑤ **나사노프샘** : 패로몬 분비

⑥ **창자** : 소화기계를 구성하는 한 부분

⑦ **독주머니** : 독액 생성

⑧ **왁스샘** : 밀랍 분비

⑨ **모이주머니** : 소화관의 일부, 꿀을 저장하는데 사용

⑩ **침샘** : 구강 속에 있는 기관으로 침을 분비

⑪ **타액관** : 구강 속에 있는 기관으로 침을 분비

초개체를 이루어 생활하는 꿀벌

독립된 개체로서 먹이 활동과 번식을 하는 일반적인 곤충과 달리 꿀벌은 여러 개체가 모여서 하나의 개체군을 이루어 생활하는 특성이 있다. 전체 벌무리의 생존을 위하여 구성원 하나하나가 유기적 단위로서 역할을 하며 맡은 바 역할이 분화되어 있어서 초개체로 불린다.

꿀벌의 봉군 안에는 여왕벌, 일벌, 수벌이 있으며 각각의 벌들의 특성과 생태를 잘 이해해야 적절한 양봉 관리를 할 수 있다.

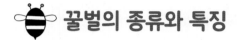

초개체 : 개미나 꿀벌처럼 집단생활을 하는 동물에서 발견되는 특성으로 사회성을 갖춘 이러한 군집에서 개별 개체는 집단의 생활 단위로 작용한다. 꿀벌의 경우 여왕벌은 산란만을 담당하고 일벌은 산란 기능을 정지시킨 채 육아나 먹이 수집 등 세력을 유지시키는 활동에 집중한다.

꿀벌의 종류와 특징

꿀벌은 알, 애벌레, 번데기의 과정을 거쳐 성충으로 성장하는데 종류에 따라 그 과정에 걸리는 시간이 다르다.

3일 동안은 모두 알의 상태로 같은 모습을 하고 있지만 알에서 깨어난 이후에는 수정, 미수정의 여부와 영양 공급에 따라 다른 성장 모습을 보인다. 성충이 되어 출방하기까지 여왕벌은 16일, 수벌은 24일, 일벌은 21일이 소요된다.

각각의 꿀벌은 외형만으로도 구별이 가능한데 초보자는 크기가 큰 여왕벌과 수벌을 잘 구별하기 어려워하는 경향이 있다. 여왕벌을 빠르게 파악하는 것은 내검에서 중요한 부분이기 때문에 각 벌들의 형태적 특징을 잘 파악하여야 한다.

한눈에 보는 여왕벌, 수벌, 일벌

	여왕벌	수벌	일벌
크기	15~20mm	15~17mm	12~14mm
알에서 출방까지의 기간	16일	24일	21일
봉군 내 개체 수	1마리	약 1,000마리	약 2만~6만 마리
특징	• 하루 약 1~3천 개 산란 • 수정란이 애벌레 기간 동안에 로열젤리를 먹고 자라면 여왕벌로 성장 • 수명은 약 5년이며 1~2년 이후 산란력이 감소	• 미수정란이 발생하여 생기며 교미를 통해 종 다양성에 기여 • 수명은 6개월 정도이나 겨울이 다가오면 일벌들에 의해 봉군에서 쫓겨남	• 수정란이 발달하여 꿀과 꽃가루를 먹으며 성장하면 일벌이 됨 • 청소, 애벌레 육아, 집 지키기, 정찰, 꿀과 꽃가루 수집 등 벌통 내 전반적인 일을 담당 • 여름에 태어난 일벌은 50일 정도, 늦은 가을에 태어난 일벌은 6개월까지 생존

봉군의 핵심, 여왕벌

산란 기능을 담당하고 있는 여왕벌은 비행 이후 대체로 벌통 내부에서 지낸다.

여왕벌의 생태

여왕벌은 일반적으로 일벌보다는 크기가 크며 수벌보다는 가느다란 모습이다. 특히 배 부분이 발달하여 일벌과 구별되고 일벌에게는 보이는 배 부분의 줄무늬가 선명하지 않다. 교미 비행 이후의 여왕벌은 복부가 부풀어 있고 상대적으로 노란 빛을 띄는 경우가 많다. 여왕벌의 꼬리에는 산란관과 함께 독침도 가지고 있는데 일벌과는 달리 여러 번 침을 쏘는 것이 가능하지만 그다지 공격적이지 않다. 어린 벌들로 구성된 시녀

산란을 위해 벌집 위를 돌아다니는 여왕벌

벌들은 여왕벌의 주위를 둘러싸고 여왕벌에게 먹이를 공급하고 몸을 핥아 청소를 해준다. 특별한 먹이인 로열젤리를 먹으며 생활하는 여왕벌의 수명은 5년이 넘는 것으로 알려져 있으나 양봉 농가에서는 산란력이 감소하는 2년 이내에 여왕벌을 교체한다.

여왕벌의 산란, 교미 비행

왕대에서 태어난 지 10일이 지난 여왕벌은 수벌과의 교미 비행을 통해 저정낭에 정자를 저장하는데 교미 비행은 날씨가 좋은 날 낮에 이루어진다. 벌집에서 여왕벌이 교미를 위한 비행을 시작하면 어딘가에서 놀고 있던 수벌이 득달같이 달려든다. 이 순간만을 위해 살아 왔던 수벌들은 여왕벌과의 교미를 통해 자신의 유전자를 후대에 남기는데 안타깝게 교미에 성공한 수벌은 정자낭이 몸 밖으로 빠져나오며 죽게 된다.

예전에는 여왕벌이 한 번의 교미 비행에서 한 마리의 수벌하고 교미를 한다고 알려졌었는데 최근의 초고속 카메라 기술이 발달하면서 확인된 바로는 최대 10여 마리의 수벌과의 교미를 통해 정자를 저장한다는 사실이 알려졌다. 여왕벌은 이때의 교미를 통해 평생(최대 5년) 사용할 정자를 저장한다. 여러 마리의 수벌과의 교미는 벌통 내 유전적 다양성을 보장해 준다.

교미 비행 이전의 여왕벌

태어난 직후, 교미 비행 이전의 여왕벌은 일벌과 크기가 비슷하다. 교미를 통해 저정낭에 정자를 저장하기 이전에는 크기만으로 구별이 쉽지 않기 때문에 가슴 부위의 모습을 보고 구별하는데 등에 털이 없고 동그란 형태가 특징이다.

🐝 여왕벌을 키우는 로열젤리

여왕벌과 일벌은 동일한 알에서 출발한다. 수정란이 알 상태로 3일을 보내고 애벌레가 되면 유모벌은 3일 동안 모든 애벌레에게 로열젤리를 먹인다. 3일 이후의 기간 동안에 계속 로열젤리를 먹은 애벌레는 여왕벌로 성장하게 되고 꿀과 꽃가루를 먹으면 일벌로 자라게 된다. 동일한 유전적 조건을 가진 알이 영양조건이 다를 뿐인데 생김새, 기관의 모습, 수명의 차이까지 발생한다.

애벌레의 먹이가 되는 로열젤리는 태어난 지 얼마 안 된 어린 일벌의 하인두선에서 분비된다. 벌통 밖에서 꿀 수집을 하지 않는 이 기간의 어린 일벌들은 벌방을 돌아다니며 애벌레를 키우는 유모의 역할을 수행한다.

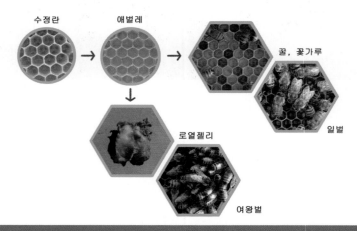

여왕벌과 일벌의 성장과정

🐝 여왕벌의 집, 왕대

여왕벌에게 문제가 생기거나 분봉의 필요성이 생기면 일벌들은 벌집의 곳곳에 왕완을 만든다. 여왕벌을 성장시킬 수 있는 충분한 크기를 가지고 있는 벌방인 왕완에 여왕벌이 수정란을 낳으면 일벌들은 로열젤리를 먹이며 성장시킨다.

벌집의 중간에 만들어진 왕완

벌집의 중간은 공간 확보가 어렵기 때문에 보통의 왕완은 벌집의 하단 부분에 만들어진다. 하지만 급하게 여왕벌을 양성해야 할 필요가 있을 때는 이미 낳아진 알 주변의 벌방에서 밀랍을 긁어모아 변성 왕대를 만들기도 한다.

크기가 큰 수벌방을 가끔 왕완으로 오해하는 경우가 있는데 옆으로 누워있는 일벌, 수벌방과는 달리 여왕벌을 위한 왕완 은 아래쪽을 향해 만들어졌다는 차이가 있다.

주변의 밀랍을 긁어 모아 만들어진 왕대

소비 하단에 만들어진 왕대와 그 속의 여왕벌 번데기

소비의 상단에 만들어진 왕대

일은 하지 않지만 꼭 필요한 수벌

양봉가에게 수벌이란 하는 일 없이 먹이만 축내는 존재로 인식되기 쉽다. 하지만 건강한 꿀벌의 종 다양성을 위해서 수벌은 꼭 필요한 존재이며 수벌 번데기 방을 잘 활용하면 효율적인 응애 방제가 가능하다. (*응애는 꿀벌의 몸에 기생하며 체액을 빨아먹는 해충으로 방제하기 어려운 해충 중 하나이다.)

🐝 수벌의 생태

이른 봄에 봉군을 새로 구매한 초보 양봉가는 당분간 수벌을 관찰하기 힘들다. 월동 기간 동안 벌통 안에는 여왕벌과 일벌만 있기 때문에 봄이 되고 산란을 시작하면서 그 해의 수벌이 처음 등장한다.

수벌의 가장 큰 외형적인 특징으로는 큰 눈과 뭉뚝한 꼬리이다. 흡사 파리의 눈과 닮은 모습이고 가슴 부분이 유난히 발달하여 몸채가 큰 편이다. 꿀벌의 모습을 떠올릴 때 가장 먼저 연상하게 되는 뾰족한 모양의 꼬리와 침은 일벌 고유의 모습이고 수벌의 뭉뚝한 꼬리에는 벌침이 없다.

공격을 위한 침이 없기 때문에 침입자에 대한 방어가 불가능한 수벌은 스스로 먹이 활동조차 할 수 없다. 일벌과 달리 주둥이가 짧아 꽃에서 꿀물을 빨아 올 수 없기 때문이다. 아침 해가 뜨면 여러 벌통의 수벌들이 함께 모여 여왕벌을 기다리며 시간을 보내다가 어두워지면 돌아와 일벌에게 먹이를 전해 먹는다. 등치도 커서 먹이 소모량도 꿀벌의 3배 가량이 되고 수명도 6개월 정도로 긴 편이라 불필요한 존재로 여기는 것이 과한 생각이 아닌 듯도 하다.

수벌의 생태

수벌 개체 수 조정

수벌이 가장 많이 생기는 시기는 봄철로 분봉이 잘 나는 시기와 비슷하다. 초개체를 이루어 생활하는 꿀벌은 벌 한 마리 한 마리의 탄생을 종족 보존으로 보지 않는다. 여왕벌의 유전적 형질을 이어받은 새로운 여왕벌이 기존의 벌집을 이어받아 세력이 분리되는 것이 그들이 생각하는 번식이다. 고온 건조하고 꿀과 꽃가루를 제공해주는 밀원식물이 풍족한 봄철에 분봉을 해야 새로 옮겨간 세력이 안정적으로 정착할 수 있기

소비의 하단에 지어진 벌집은 크기가 커서 수벌을 위한 미수정란을 낳을 가능성이 높다.

때문에 봄이 되면 분봉 시도가 많아진다. 기존 여왕벌이 세력의 일부를 데리고 나가고 나면 새로 태어나는 여왕벌에게는 교미를 위한 수벌이 필요하다. 때문에 분봉 전에 일벌들은 수벌을 미리 양성하여 준비해둔다.

봉군 내 성비의 조절은 여왕벌이 아닌 일벌의 판단에 의해 결정된다. 일벌은 세력을 나누는 분봉이 필요한 시기가 되었다고 판단되면 새로 짓는 벌방의 크기를 평소보다 조금 더 크게 조절한다. 수벌은 크기가 더 커서 일벌보다 조금 더 큰 벌방을 필요로 하기 때문이다. 여왕벌은 앞다리로 벌방의 크기를 판단하여 5mm 내외일 때는 수정란을 낳고, 6mm가 넘어가면 미수정란을 낳는다. 수정되지 않은 알이 발달하여 수벌이 태어난다.

분봉을 해도 성공 가능성이 낮아지는 가을이 되면 수벌들의 효용가치가 떨어지고 월동 직전의 시기가 되면 수벌들은 일벌들에 의해 쫓겨나는 신세가 된다. 늦은 가을 내검을 할 때는 벌통 안에 남아 있고자 하는 수벌과 그를 쫓아내려는 일벌들의 실갱이를 볼 수 있다. 월동이 들어가기 전에 일벌들이 수벌을 다 쫓아내 버리기 때문에 월동 기간의 벌통 안에는 수벌이 한 마리도 없는 상태가 된다. 놀고 먹는 듯 보이는 그들의 삶을 마냥 부러워할 것만도 아닌 듯하다.

일벌 번데기방 가운데서 위로 솟아있는 수벌 번데기방

죽은 번데기를 버리러 가는 일벌

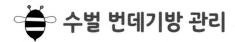 수벌 번데기방 관리

일반적인 양봉 관리에서 수벌은 번데기 상태에서 제거가 된다. 애벌레 상태일 때는 그 모습이 구별되지 않지만 번데기가 되면 구별이 가능하다. 일벌의 번데기 방은 평평한 모습인데 반해 수벌방은 봉개(벌방 안에서 꿀벌이 번데기 상태를 보내기 위해 밀랍으로 뚜껑이 닫혀 있는 상태)된 위쪽 면이 돌출되어 있다. 상대적으로 등치가 큰 수벌이 비슷한 크기의 벌방에서 성장하다 보니 외부로 돌출된 번데기 방을 가지게 된다. 수벌 번데기의 제거는 돌출된 봉개 부분을 내검칼로 살짝 긁어 내면 된다. 벌방에서 수벌 번데기를 일일이 꺼내 버리는 작업은 부지런한 일벌들에 의해 이루어진다.

봉군의 살림꾼, 일벌

 일벌의 생태

뒷다리에 꽃가루를 붙이고 있는 일벌

봉군 내에서 일어나는 많은 일을 처리하고 결정하는 일벌은
다른 벌들에 비해 작은 체구이다. 우리가 일반적으로 말하는

꿀벌은 일벌의 모습을 하고 있다. 꼬리의 줄무늬와 침을 특징으로 하는 일벌은 꿀을 모으는 긴 대롱을 가지고 있고 뒷다리는 꽃가루를 붙여 올 수 있게 넓적한 구간이 있다.

일벌의 수명은 태어난 시기에 따라 달라진다. 외부활동을 많이 해야 하는 봄과 여름철에 태어나는 일벌은 50일 가량 살아가고, 추운 겨울을 견뎌내기 위해 벌통 안에서 웅크리고 신진대사를 줄이고 생활하는 겨울의 일벌들은 6개월 이상 생존하기도 한다. 꿀을 수집하는 시기의 일벌의 수명은 길지 않기 때문에 일주일 이상 산란에 지장을 받으면 세력이 급격히 감소할 수 있다.

방 청소하기, 애벌레 돌보기, 애벌레방 뚜껑 덮기, 여왕벌 수행하기, 수집벌에게 꿀 넘겨받아 저장하기, 오염물 제거하기, 꽃가루 다져넣기, 밀랍으로 벌집 짓기, 공기 환기시키기, 꿀 수집하기, 집 지키기 등 모두 일벌의 몫이다. 세력을 나누어 분봉을 나갈지 말지, 새로운 집자리는 어디로 정할지, 여왕벌을 교체하는 여부까지 일벌의 결정에 따르게 된다.

일벌은 이러한 결정과 활동을 동시에 진행하지 않고 성장과 발맞추어 맡게 된다. 태어난 지 20일 이내의 어린 벌의 시기에는 대체로 육아와 집짓기에 집중된 내(內)역을 하고 날개의 힘이 성장하는 후반기가 되면 수집 활동 등의 외(外)역을 맡는다.

생애 주기별 일벌의 하는 일

몸단장

알에서 애벌레와 번데기 과정을 거쳐 21일 만에 스스로 봉개된 벌방을 뚫고 나오는 일벌은 태어난 직후 꿀을 먹고 기운을 차린 다음 몸단장을 한다. 출방한 지 얼마 안 된 일벌은 아직 날지 못하고 연한 털색을 가지고 있다.

태어난 지 얼마 안 된 어린 벌

벌방을 돌아다니며 애벌레를 돌보는 일벌

● **육아** : 어린 일벌은 각각의 벌방을 돌아다니며 애벌레에게 로열젤리, 꿀, 꽃가루를 먹이며 돌본다. 1마리의 일벌을 키우는데 꽃가루 100mg, 꿀 300mg, 육아벌의 1만 번의 방문이 필요하다. 육아벌 1마리는 하루 1,300번 애벌레방을 방문하며 최선을 다해 애벌레를 성장시킨다.

● **로열젤리 분비** : 부화한지 4~12일 사이의 어린 일벌의 하인두선에서는 로열젤리가 생성된다. 나이가 들면 이런 로열젤리의 생산 능력은 점차 퇴화하지만 필요에 따라서 다

시 활성화되기도 한다.

- **기억비행** : 따뜻하고 바람이 많이 불지 않는 날 정오경 부화 후 10일 정도 되는 일벌들은 벌통 밖으로 나와 비행 연습을 한다. '낮놀이' 또는 '유희비상'이라고도 부르는데 벌통을 바라보고 1~2m 높이로 짧은 비행을 반복한다. 이러한 비행의 과정에서 어린 일벌은 벌통의 위치를 기억한다. 어린 일벌레의 비행 연습을 초보 양봉가는 도봉이나 분봉으로 오인하기도 한다.

- **밀랍 분비** : 12~18일 정도의 일벌의 배 환절 마디에서 2mm 정도의 반투명한 밀랍이 분비된다. 일벌은 뒷다리를 이용해 입으로 가져간 밀랍을 반죽하여 벌방을 짓는다. 밀랍의 분비는 33~36℃ 사이의 온도에서 가장 많이 분비되며 밀랍으로 집을 짓는 일은 일벌의 수명을 단축시키기도 한다.

- **꿀과 꽃가루 모으기** : 18일 정도의 내역 기간을 거친 일벌은 본격적인 외부 활동을 시작하는데 외역벌이 부족할 때는 10일 이내의 어린벌이 외역을 나갈 때도 있다.
  일벌 한 마리는 한 번 외출했을 때 20~40mg의 꽃꿀을 뱃속에 담아오는데 이 정도 양의 꽃꿀을 모으기 위해 5천 송이에서 2만 송이의 꽃을 방문하기도 한다. 이러한 수집 활동을 하루에 3~10회 반복해서 하며 일벌 1마리는 일생 동안

5g의 꿀을 모아온다고 한다.

사철나무 꽃에서 꿀을 수집하고 있는 일벌

무궁화에서 꿀과 꽃가루를 모으고 있는 일벌

일벌은 뒷다리에 붙여서 모아온 꽃가루를 벌방에 다져 넣어 저장한다.

- **온도 조절** : 벌통 내부의 온도가 너무 올라가거나 습도가 높아지면 벌들은 벌통 입구에 나와서 날개짓을 하며 바람을 일으킨다. 이때 서양종 꿀벌은 벌통의 안쪽을 바라보고, 동양종 꿀벌은 바깥쪽을 바라보고 선풍 작업을 한다. 반대로 내부 온도가 육아를 위한 온도보다 낮을 경우 번데기방 위에서 비행근육을 진동시켜 열을 발생시킨다.

- **집 지키기** : 봉독은 막 태어난 어린 벌에게는 없고 성장하며 15일령 정도까지 만들어진다. 독의 양은 외역벌이 가장 많으며 한 마리당 0.294mg 정도의 봉독을 독주머니에 저장하고 있다. 집을 지키는 업무까지 모든 일령별의 맡은 바 일을 마친 일벌은 벌통 밖으로 날아가서 죽음을 맞이한다.

장수벌의 공격을 받아 방어하고 있는 일벌

많은 비행으로 날개 끝이 닳은 일벌

# 꿀 수집을 위한 일벌의 일하는 모습

꿀벌의 꿀 수집 과정을 보면 효율적인 일하기가 무엇인지 알 수 있다. 일벌은 하루에 한 종류의 꽃만을 찾아다니며 꿀물을 수집한다. 이것은 일벌의 입장에서 보면 꽃마다 다른 구조를 익혀 작업 시간을 효율적으로 사용할 수 있게 한다. 일벌의 이러한 작업 특성은 꽃의 수분매개자로서 중요한 역할을 하게 한다. 식물의 입장에서 동일종 방문으로 얻어진 꿀벌의 몸에 붙은 꽃가루가 수분 성공률을 높여준다. 일벌이 여러 종류의 꽃을 방문한다면 그만큼 수분 성공률이 낮아질 것이다.

정찰벌

아침이 되면 봉군 내에서 가장 뛰어난 벌들이 먼저 밖으로 나와 주변을 정찰한다. 계절과 날씨에 따라 피는 꽃의 종류도 다르고 꽃마다 꿀물의 양도 다르기에 정찰을 통해 최적의 밀원을 탐사한다. 불규칙한 경로로 꽃을 찾아갔던 정찰벌은 몇 번의 왕복을 통해 벌통과 꽃밭의 직선 경로를 익힌 후 벌통 안으로 돌아와 동료들에게 알려준다. 정찰벌이 가져온 정보를 통

해 다른 일벌들은 탐색의 과정을 생략하고 바로 최적의 밀원
으로 달려갈 수 있다.

 춤언어

벌통 안에서 정찰벌은 춤을 통해 밀원에 대한 정보를 전달한
다. 가까운 장소에 있는 밀원은 둥글게 원무를 추고 멀리 있는
밀원을 알릴 때는 8차형의 동작을 취한다. 몸을 흔드는 강도
는 밀원이 얼마나 매력적인지를 의미하고 흔드는 각도는 태
양과의 각도를 의미한다.

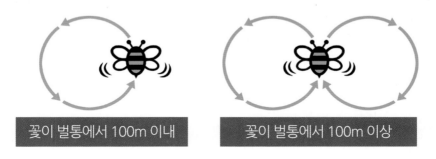

꽃이 벌통에서 100m 이내   꽃이 벌통에서 100m 이상

어두운 벌통 내부에서 일벌들은 벌집을 통해 전해지는 진동
을 통해 정보를 전달받게 된다.

벌집의 구조와 쓰임

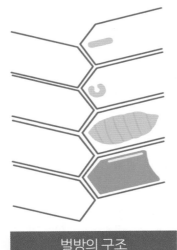

벌방의 구조

가장 안전하고 튼튼한 구조의 대명사인 육각형의 벌집 모양을 보면 꿀벌이 얼마나 지혜로운지 알 수 있다. 벌집의 구조는 재료와 공간의 낭비가 없을 뿐 아니라 숙성된 꿀의 하중을 견디기에 충분한 강도를 가지고 있다. 이러한 벌집의 모양에는 잘 알려져 있지 않은 꿀벌의 지혜가 숨어 있다.

일벌은 벌집을 지을 때 안쪽이 붙어 있게 양면으로 집을 짓는데 벌방의 안쪽을 15도 경사지게 만든다. 이 작은 경사 덕분에 애벌레는 조금 더 안정적으로 벌방 안에서 생활할 수 있고 막 수집해온 수분도 높은 꿀도 바닥에 흘리지 않고 보관할 수 있다.

우리 고유의 토종벌

 ## 양봉은 서양벌?

우리나라에 있는 꿀벌은 크게 서양종과 동양종 꿀벌로 구별할 수 있다. 서양종 꿀벌 중에는 이탈리안벌을 가장 많이 사육하고 있지만 좁은 영토 안에서 상당히 잡종화된 상태이다.

꿀에 대한 몇 가지 오해 중에 서양종 꿀벌을 키울 때는 설탕을 먹이지 않은 자가 없으며, 동양종 꿀벌이 모아온 꿀인 토종꿀은 약성이 있다고 생각하는 것이다. 2010년 낭충봉아부패병으로 국내의 동양종 꿀벌의 수가 급격히 줄어든 이후에는 희소성까지 더해져 토종꿀의 가격이 더 높아지고 있다. 하지만 꿀의 성분을 결정하는 것은 그것을 모아오는 꿀벌의 종류가 아니라 꿀벌이 모아오는 꿀물의 종류 즉 밀원의 성분에 따라 달라진다.

같은 꽃인데 서양종 꿀벌이 모아오면 약성이 없고 동양종 꿀벌이 모아오면 약성이 생기지는 않는다. 다만 서양종 꿀벌에 비해 동양종 꿀벌은 혀의 길이가 짧아 서양종에 비해 작은 꽃 중심으로 꿀을 수집하는 특징이 있기에 모이는 꿀의 성분이 약간 다를 수는 있다. 또 우리가 서양종 꿀벌이 모아 놓은 꿀 과 동양종 꿀벌의 꿀의 맛이 다르다고 느끼는 데에는 생산 방 식의 차이도 있을 것이다. 서양종 꿀벌의 관리에서는 특정한 시기에 들어오는 꿀을 별도로 채밀할 수 있기 때문에 밀원 특 유의 향이나 맛이 살아있는 경우가 많다. 반면 동양종 꿀벌은 일벌이 한 해 동안 모아온 꿀을 가을에 한 번 채밀하기 때문에 다양한 밀원이 한데 섞여 토종꿀 특유의 맛을 낸다.

	동양종 꿀벌	서양종 꿀벌
벌의 크기	10~13mm	12~14mm
벌방의 크기	4.7mm	5mm
혀의 길이	5.3mm	6.5mm

[동양종과 서영종 꿀벌의 차이]

🐝 동양종 꿀벌의 특징

토종벌이라고도 불리는 동양종 꿀벌은 중국과 한국, 일본 등지에 분포해 있으며 삼국시대부터 우리 역사에 기록되어 있을 정도로 우리와 함께한 역사가 긴 꿀벌이다.

서양종에 비해 체구가 작은 편인 동양종 꿀벌은 행동이 민첩하고 조심성이 많다. 우리나라의 기후에 잘 적응해 있어서 서양종보다 더 낮은 온도에서도 외부 활동을 할 수 있고 월동 성공률도 높은 편이다. 관리 측면에서는 동료 꿀벌의 몸에 있는 이물질이나 벌방 안의 이물질을 청소하는 능력이 뛰어나 질병 저항성도 좋기 때문에 양봉가의 노력을 많이 필요로 하지 않는다. 하지만 서식 환경이 나빠지거나 말벌의 집단 공격을 받으면 기존의 집을 버리고 이사를 가버리기 때문에 한순간에 봉군을 잃을 수 있다.

서양종 꿀벌을 기를 때는 양봉가가 벌집을 지을 기초 틀을 넣어 주어 관리하기 때문에 숙성이 완료된 꿀이라면 시기에 상관없이 채밀할 수 있다. 반면에 동양종은 꿀을 채밀하려면 벌집의 일부를 뭉개야 하기 때문에 가을철 한 번의 채밀만 가능하다. 이러한 꿀 수확 방식의 차이가 희소성을 더해 동양종 꿀벌의 꿀에 더 높은 가치를 부여하는지도 모르겠다.

03

도시 양봉을 위한 준비

도시 양봉을 본격적으로 하기 위해 준비해야 할 사항을
자세히 알아보자. 양봉에 대한 기본적인 지식을 습득한
후, 장소 선정과 도구 등에 대해 배워보자.

양봉을 위한 장소 선정

도시에서의 양봉은 많은 공간을 필요로 하지는 않는다. 하지만 살아있는 가축을 다루는 것이기에 꿀벌이 살기에 적합한 환경을 제공해 주는 것이 양봉가로서 기본적으로 갖추어야 할 자세일 것이다.

 태양광

일벌의 외부 활동은 햇빛과 태양광의 영향을 많이 받는다. 벌들이 드나드는 입구를 남쪽으로 향하게 해두면 일벌들의 외부 활동을 촉진시키고, 벌통 내부 온도를 조절할 수 있다.

 바람

일벌들은 한 번 밖에 나왔다가 돌아갈 때 자신의 몸무게만큼의 꿀을 모아서 들어온다. 꿀의 무게로 인해 무거워진 몸 때문에 소문에 착지할 때 힘들어 하는 경우가 있는데 바람이 많이 부는 환경에서는 자신의 벌통 위치를 놓쳐 표류하는 현상이 생긴다. 착륙 직전의 바람에 의해 옆에 있는 벌통으로 들어가면 경계병들에 의해 공격을 당할 수 있어 벌들이 사나워지기도 하고 질병을 옮기는 원인이 된다.

벌통이 놓이는 장소의 뒤편에 바람을 막아줄 벽이 있다면 좋다. 하지만 너무 막혀 있어 환기가 어려운 공간은 질병을 유발시킬 수 있기 때문에 좋은 장소는 아니다.

 밀원식물

한 장소에 얼마나 많은 벌통을 놓을지는 공간의 크기에 따라 정하기보다 주변 밀원식물의 분포에 따라야 한다. 한정된 밀원을 가진 장소에서 벌통의 수만 늘린다고 해서 꿀 생산량이 증가하는 것은 아니기 때문에 밀원으로 적합한 식물이 각 계

절별로 얼마나 서식하는지 조사할 필요가 있고 밀원이 부족한 시기에는 직접 밀원식물을 심고 가꾸는 노력이 필요하다.

도심 공원의 아카시 나무 군락

주차장의 쥐똥나무 울타리

🐝 피해야 할 장소

꿀벌에게도 여러 가지 질병이 생기는데 꿀벌의 질병을 유발하는 가장 큰 요소는 습기이다. 습기가 많고 환기가 되지 않는 지역이라면 벌통을 놓지 않는 것이 좋다. 부득이하게 놓아야 할 경우라면 바닥에서 50cm 이상 높이에 벌통을 설치해 냉기와 습기가 올라오는 것을 차단해야 한다.

도시가 아닌 환경에서 벌통을 놓을 장소를 찾는다면 양지바른 무덤 주변이 가장 좋은 장소일 것이고 물이 흐르는 산속의 계곡 근처는 아무리 꽃이 많이 피는 곳이라도 피해야 한다. 주변 진동이 전해지는 곳도 벌들이 지내기 좋은 장소는 아니다. 공사 현장 주변에 있던 벌들이 집단 폐사하여 소송이 제기된 경우도 있기 때문에 가능하면 진동과 소음이 없는 안정된 장소를 벌들에게 제공해 주는 것이 좋다.

벽돌로 높이를 조절해 놓여진 옥상의 벌통

양봉에 대한 지식 습득

 ## 알아야 보이는 꿀벌의 사는 모습

가끔 자신 소유의 야산에 벌통은 몇 개 가져다 놓고 일 년에 한 번 정도 찾아가서 꿀만 조금 채취해 온다는 분들이 있다. 이러한 방식은 꿀을 얻는 하나의 방법일 수는 있지만 양봉이라 부를 수는 없을 것이다.

흔히 양봉은 서양종 꿀벌을 키우는 것, '한봉' 또는 '토봉'은 동양종 꿀벌을 키우는 것으로 알고 있는데 양봉이라는 단어 자체가 벌을 관리하고 키우는 전반적인 행위를 의미한다.

양봉가는 꿀벌에게 필요한 관리를 해주고 꿀벌이 모아 놓은 꿀을 나누어 먹게 되는데 적절한 지식이 없이 접근한다면 안정적일 수 있었던 꿀벌의 생활을 사람이 방해하는 꼴이 될 것이다. 무턱대고 벌을 들여놓기보다는 양봉 강의나 책을 통해 지식을 습득하고 양봉이 나의 생활 습관과 맞는지, 내가 벌을 책임질 만한 준비가 되었는지 고민해 보는 시간을 가진 이후 시작해야 한다.

알아야 보이는 꿀벌의 질병

적절한 관리를 받지 못한 꿀벌에게는 노제마, 부저병 등 여러 가지 질병이 발생할 수 있다. 이러한 질병에 대한 관리는 나만 잘 관리를 한다고 되는 문제가 아니다. 여러 장소를 옮기며 꿀을 채취하는 꿀벌의 특성상 지역에서 발생한 질병이 다른 벌통으로 옮길 수 있기 때문이다.

2010년 우리나라 토종벌을 휩쓸었던 낭충봉아부패병의 경우 발병을 확인하는 즉시 벌통을 소각하고 사용했던 도구까지 살균해야 함에도 정보와 인식의 부족으로 적절한 조치가 이루어지지 않은 경우가 많았고 피해가 심각한 양봉가들은 처리를 포기하고 방치해 두어 병이 확산되는 원인이 되기도 했다.

해외에서는 일정 수준 이상의 교육을 이수해야만 양봉을 시작할 수 있고 양봉을 위한 자격증을 요구하는 경우도 있다.

도시 양봉 도구 준비하기

내검이란 벌통의 내부를 살펴 각 시기별로 벌들에게 필요한 작업을 수행하는 행위로 적절한 도구를 사용하면 조금 더 신속하고 편하게 작업을 완료할 수 있다. 여기서 소개하는 기본 도구 이외에도 다양한 도구들이 판매되고 있으나 초보자의 경우 기본 도구만 가지고 시작하였다가 필요할 때 구매하여 사용하기를 추천한다.

내검 기본 도구

● **봉솔과 내검칼** : 내검 시 기본으로 장착하여야 하는 두 가지 도구로 양봉의 필수 도구라 할 수 있다. 봉솔은 벌을 털어낼 때 주로 사용하고 내검칼은 수벌 번데기방 제거와 헛집 제거에 주로 사용된다.

● **훈연기** : 벌을 진정시키는 효과가 있어 작업을 편하게 해준다. 훈연제로는 쑥을 가장 많이 사용한다.

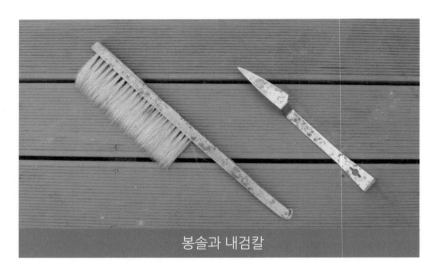

봉솔과 내검칼

훈연기

필수 도구	수량	기타 도구	수량	기타 도구	수량
벌(벌통 포함)	2 이상	여왕벌 포획기	1	개미산 기화 용기	2
방충복	1벌	여왕벌 표시팬	1	이충침	1
내검칼	1개	사양기	2	플라스틱 왕완	1봉
봉솔	1개	소비 걸이	1	채유광	1
수평격왕판	2	프로폴리스망	2	채분기	2
격리판	4	왕롱	2	합봉망	1
급수기	2	화분떡		착륙판	2
개포	2	말벌 포획기	1	이동 소문망	2
내검 일지		말벌방	1		
계상	2	말벌트랩	2		
소초광	1박스	개미산			

(필수/기타 도구와 수량)
*수량은 2개의 봉군을 관리할 때를 기준으로 작성되었습니다.

 소비란?

양봉 용어는 비슷한 기능을 하면서 여러 가지 이름으로 불리는 것들이 많은데 그 중 가장 어려워하는 부분이 벌집의 기초가 되어주는 나무틀을 부르는 명칭이다. 용도와 형태에 따라 다른 이름으로 불리는 기초 틀을 이해해야 상황과 목적에 맞게 사용할 수 있다.

● **소초** : 밀랍이나 파라핀으로 벌집을 쉽게 짓도록 만들어 놓은 기초 틀이다. 소초의 한쪽에는 약 3,000개의 육각형 모양이 찍혀 있어서 일벌은 이 모양을 기준으로 벌방을 짓게 된다.

● **소초광** : 나무틀에 소초를 붙여 놓은 것이다. 가운데 얇은 철선으로 고정되어 있어 숙성꿀이 저장되어도 찢어지지 않게 만들어졌다.

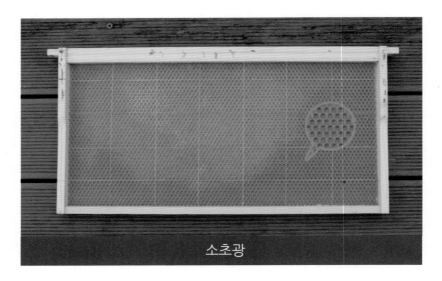

소초광

● **소광대, 이단소광대** : 소초를 붙이지 않은 상태의 나무틀이다. 벌집꿀 생산용으로 주로 사용되며 꿀의 무게를 견디게 하기 위해 이단소광대를 주로 사용한다.

- **꿀장, 알장, 번데기장** : 벌방의 내부 구성물을 기준으로 부르는 명칭으로 통상 2/3 이상 차지하는 것을 대표하여 이름 짓는다.

- **공소비** : 벌집이 지어진 상태로 벌방에 아무것도 들어있지 않은 벌집틀을 공소비라고 부른다. 이미 밀랍으로 벌방이 만들어져 있는 공소비는 벌통에 넣어 주었을 때 바로 알을 낳거나 꿀을 채울 수 있어 세력이 급격히 팽창하는 봄철에 꼭 필요한 양봉가의 중요한 자산이다. 전년도에 사용한 공소비는 밀랍을 먹고 사는 소충(꿀벌부채명나방 애벌레)의 공격을 받지 않도록 잘 관리하여야 한다.

- **소비** : 소초광, 소광대, 공소비 등 벌집틀을 통칭하여 소비라고 부른다.

소비에 지어진 벌집은 필요에 따라 꿀이나 꽃가루의 저장 공간이 되기도 하고 산란과 육아의 공간이 되기도 한다. 산란 공간으로 사용된 벌집은 일벌의 탈피과정에서 나온 번데기의 껍질이 남아 오래 사용할 경우 밀랍벽이 두꺼워져 상대적으로 크기가 작은 일벌이 태어난다. 또 색이 어두워지고 빛이 통과하지 않아 내부의 알이나 애벌레의 상태를 관찰하기 어렵기 때문에 소비는 3년 이상 사용하지 않고 교체해 주는 것이 좋다.

벌방이 지어지는 중인 이단 소광대

소초광 없이 만들어진 자연스러운 모습의 벌집 모양

소초를 붙이지 않은 소광대에 지어진 벌방

 **필수 도구**

- **격리판** : 벌들이 활동하는 구역을 제한하기 위한 나무로
  만들어진 판이다. 격리판을 사용하면 기존 소비에 벌집이
  덧 지어지는 것을 막을 수 있다. 공간을 완벽하게 구분하는
  것이 아니기 때문에 벌들이 격리판 너머로 넘어와서 활동
  하기도 한다. 격리판 외부로 넘어온 벌들이 많다는 것은 공
  간부족을 의미하는 것으로 소비를 추가로 넣어 준다.

● **개포** : 벌통의 뚜껑에는 약간의 공간이 만들어져 있다. 소비의 윗면과 뚜껑 사이의 공간을 분리하지 않으면 일벌이 집을 지어 꿀을 저장하거나 알을 낳게 된다. 내검을 할 때는 소비를 하나씩 떼어내야 하기 때문에 소비 위쪽에 만들어진 벌집이 망가져 꿀과 애벌레를 버리게 된다. 개포는 이러한 일을 방지하기 위해 깔아두는 천이다. 다양한 소재의 원단을 사용할 수 있으며 벌통의 크기보다 커야 한다. 여름에는 환기를 위해 프로폴리스망으로 대체 가능하고 겨울에는 보온을 위하여 두꺼운 부직포 소재의 개포를 추가로 올려준다.

소비와 벌통 뚜껑 사이의 공간을 분리하기 위한 개포

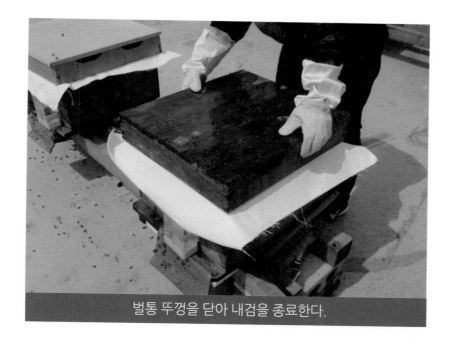
벌통 뚜껑을 닫아 내검을 종료한다.

● **급수기** : 양봉 관리의 중요한 일 중의 하나는 깨끗한 물을 공급해 주는 것이다. 수반을 만들어 공동 급수하는 것도 가능하지만 급수기를 꽂아서 관리하면 봉군의 물 소모량을 통해 산란 정도를 예측할 수 있다. 꿀벌은 애벌레를 키울 때 숙성 꿀을 물에 희석하여 먹이게 되므로 물의 소모가 멈춘 봉군은 산란이 없어 애벌레를 키울 물을 필요로 하지 않는다는 것을 의미한다. 더운 여름을 보낸 급수기에는 물때가 끼기 쉽기 때문에 주기적으로 청소해 주어야 하고 물을 갈아줄 때 천일염을 조금 타서 주면 벌들의 건강에 도움이 된다.

급수기

 기타 도구

● **여왕벌 표시팬** : 수만 마리의 일벌들 사이에서 단 한 마리 있는 여왕벌을 단번에 찾는 일은 쉽지 않다. 때문에 여왕 벌의 등에 표시를 해두어 여왕벌을 빠르게 찾을 수 있도록 하기도 한다. 여왕벌의 날개를 손으로 살짝 잡고 표시하기 도 하지만 여왕벌에 손상이 갈 수 있기 때문에 전문 도구 를 사용하여 안전하게 작업하는 것이 좋다.

노란색으로 표시된 여왕벌을 수많은 일벌들 사이에서도 쉽게 확인 할 수 있다.

전용 표시팬으로 여왕벌의 등에 표시를 한다.

표시액이 여왕벌의 건강에 좋지 않다는 의견도 있지만 여왕벌의 빠른 확인 역시 중요한 부분이기에 초보자의 경우 표시하는 것이 유리하다. 또 표시팬의 색을 매해 바꿔주면 어느 해에 태어난 여왕벌인지 확인할 수 있어 여왕벌의 이력 관리가 가능하다.

● **프로폴리스망** : 프로폴리스 채취를 위한 도구로 작은 공간을 메우려는 일벌의 특성으로 인해 프로폴리스를 모을 수 있다. 개포의 아래에 깔아서 사용하며 더운 여름에는 프로폴리스망만을 사용할 수도 있다.

 벌통의 구조

벌통 외부 구조

① 환기 구멍 / 손잡이   **②** 몸체

③ 철소문 마개   **④** 소문

⑤ 급수기   **⑥** 뚜껑

벌통 내부 구조

① 개포   ② 프로폴리스망

③ 격리판   ④ 소비

소문으로 드나드는 일벌들

 **벌통의 종류**

여러 가지 형태의 벌통

● **랑스트로스 벌통** : 우리나라에서 가장 많이 사용하는 벌통의 형태로 위로 적재가 가능하기 때문에 이동양봉에 적합하다. 또 위쪽으로 공간 확장이 가능해 세력을 강하게 유지할 수 있다.

● **탑바 하이브** : 취미 양봉가에게 적합한 벌통이다. 허리를 구부리지 않고 내검할 수 있고, 벌통을 열지 않고도 내부를 관찰할 수 있는 아크릴 창이 있다. 벌집틀을 넣지 않고 관리하기 때문에 벌집꿀 생산에 적합하지만 꿀의 생산량이 많지 않다.

● **플로우 하이브** : 플라스틱으로 만들어진 인공 벌집에 꿀이 저장되면 벌집을 틀어서 꿀이 아래로 흘러내리게 하여 수확한다. 벌통에 소비를 넣은 채로 채밀하기 때문에 번거로운 채밀의 과정을 생략할 수 있다.

랑스트로스 벌통

탑바 하이브

벌통의 소재

● **나무 벌통** : 벌들에게 익숙한 집자리 소재인 나무를 활용한 벌통이 가장 많이 사용되고 있다. 습도 조절에 유리한 측면이 있으나 비바람을 맞는 외부 환경에서 여러 해 사용하기는 어려워 잘 관리해 주어야 한다.

● **스티로폼 벌통** : 숙성 꿀이 가득 들어있는 소비 하나의 무게는 3kg을 넘는 경우도 있는데 이러한 소비가 벌통에 5개 이상이 있다면 20kg에 육박한다. 단상은 들어서 옮길 일이 많지 않지만 단상 위에 올려서 사용하는 계상은 내검을 할 때마다 들어내야 하기 때문에 무거워서 꽤 힘이 드는 일이다. 또 소비끼리 부딪치지 않게 수평을 맞추어 들다 보면 무게에서 오는 어려움이 더 커지는데 스티로폼 벌통은 이러한 면에서 여성 양봉가에게 특히 추천할 만하다. 내부에 들어가는 소비의 개수에 따라 7매상부터 10매상까지 있기 때문에 본인의 상황에 맞게 선택할 수 있다. 스티로폼 벌통은 그 자체가 단열제이기 때문에 월동을 위한 별도의 외부 포장을 해주지 않아도 된다는 장점이 있다.

단, 가벼운 대신에 나무 벌통에 비해 견고함이 떨어져서 이동 양봉에는 불리한 측면이 있고 뚜껑이 강한 바람에 날리기도 하기 때문에 뚜껑 위에 벽돌 등을 꼭 올려 두어야 한다.

벌통의 종류

- **단상** : 꿀벌을 키우기 위해 사용하는 기본 벌통이다.
- **계상, 삼상** : 뚜껑과 바닥이 없이 사면의 벽체만 있는 형태이다. 단상의 위에 올려서 사용하며 2층에 올리면 계상, 3을 올려서 사용하면 삼상으로 부른다.
- **7매상, 9매상, 10매상, 12매상** : 벌통의 세로 길이는 소초광의 규격과 맞게 동일하게 제작되기 때문에 우리나라에서 판매하는 어떤 벌통을 구매하더라도 소초광을 넣어 사용할 수 있다. 벌통 크기의 구분은 가로에 들어가는 소비의 개수에 따라 구별한다. 내부에 소비가 7개 들어가면 7매상, 10개가 들어가면 10매상으로 불린다. 나무 벌통은 10매상이 가장 많이 사용되며 계상은 반드시 단상의 크기에 맞추어 구매해야 한다.
- **16mm, 18mm 벌통** : 나무 소재 벌통은 나무의 두께에 따라 보통 두 가지로 구별하여 판매하는데 18mm를 기본으로 사용한다. 16mm 단상에 18mm 계상은 올릴 수 있지만

18mm 단상에 16mm 계상을 올릴 수 없기 때문에 구매할 때 주의해야 한다.

미리 준비해야 하는 자재

● **여분의 벌통** : 세력을 나눌 때 뿐만 아니라 분봉을 잡을 때도 꼭 필요하다. 벌을 키우다 보면 주변의 분봉도 잡으러 다닐 일이 생긴다. 그럴 때를 대비해 하나 이상의 벌통을 여분으로 가지고 있으면 좋다.

● **소초광** : 새로 양봉을 시작한 첫해에는 봉군 하나당 1박스 (20개) 정도의 소초광이 필요하다. 다음해부터는 벌집이 지어진 소초광을 재사용할 수 있기 때문에 새로운 소초광이 많이 필요하지 않으므로 첫해의 투자를 아까워하면 안 된다.

● **계상** : 봄철의 세력 확장은 예상을 뛰어 넘을 정도로 빠르게 진행된다. 봄에는 언제라도 벌통의 공간을 확장해줄 계상이 준비되어 있어야 한다.

내검을 위한 복장

도심 옥상 양봉장

 방충복

방충복은 크게 전신형, 상의형, 모자형으로 나뉜다. 서양의 양봉사진을 보면 전신형 방충복을 많이 사용하지만 우리나라에서는 상의형 방충복이 일반적으로 사용되고 있다.

- **전신형** : 양봉용으로 사용되기보다는 벌초할 때 말벌의 공격을 대비하는 용도로 많이 사용된다.
- **상의형** : 일반적으로 가장 많이 사용되며 모자의 까만색 망 부분이 앞쪽으로 오게 착용한다. 고무 밴드가 허리에 잘 오도록 착용해야 아래쪽으로 벌이 들어가지 않는다.
- **모자형** : 얼굴 부분만 보호할 수 있지만 부피가 작고 간편한 장점이 있다.
- **방충망**(사각면포) : 아주 작은 부피로 언제든 가지고 다닐 수 있는 장점이 있지만 햇빛을 차단하지 못하기 때문에 내검 시 눈부심이 있을 수 있다.

 # 양봉 장갑

양봉용 장갑은 벌침의 공격을 방어할 수 있을 정도로 충분히 두꺼워야 한다. 양봉 전문 장갑을 구하기 어려울 때는 고무장갑 안에 목장갑을 함께 끼고 내검해도 되고 겨울용 가죽 장갑도 사용할 수 있다. 양봉용으로 사용하는 장갑은 본인의 손의 크기에 적당한 것을 사용하여야 소비를 들거나 정리할 때 정확한 작업을 할 수 있다.

양봉 장갑

# 피해야 할 복장

- **통이 넓은 바지** : 바지 속으로 바닥에 떨어진 벌들이 기어서 들어가기 쉽다. 바지 안쪽은 출구를 찾지 못한 일벌이 공격할 가능성이 높고 벌침을 제거하기도 어렵기 때문에 벌이 들어가기 쉬운 통이 넓은 바지는 피해야 한다.

- **목장갑** : 목장갑만 끼고 내검하면 맨손으로 내검할 때보다 벌에 더 많이 쏘이는 경향이 있는데 목장갑에 있는 길게 나온 섬유들이 벌의 다리에 있는 털에 걸리면서 벌들의 움직임을 제한하기 때문이다. 벌들의 입장에서 보면 다리를 잡고 놔주지 않는 상황이기 때문에 탈출을 위해 공격하게 된다. 양말의 경우에도 털이 많은 양말은 삼가는 것이 좋다.

- **향수** : 내검을 하는 날은 향수나 향이 강한 화장품의 사용을 자제해야 한다. 양봉을 하다 보면 꿀이 들어간 화장품에 손이 가게 되는데 일벌들의 엄청난 사랑을 받을 지도 모르기 때문에 내검을 하는 날만은 피하는 것이 좋다.

내검의 기초

내검을 하기 위한 기후 조건과 피해야 할 사항을 살펴보고 내검을 하는 구체적인 과정을 따라하기 형태로 자세히 알아보자. 내검 일지를 적어보고 확인 사항을 배워보자.

내검하기 위한 조건

 ## 내검을 위한 기후 조건

내검은 크게 전면 검사와 부분 검사로 구분하는데 기온이 16~30℃의 범위에 있을 때는 벌통 내부의 전부를 확인하는 전면 검사를 실시하고 온도가 낮거나 기상이 나쁠 때는 일부 소비만 들어 검사하는 부분 검사를 시행한다. 산란과 육아가 활발한 봄에는 하루 중 기온이 가장 높을 때에 내검하여야 낮은 기온으로 인해서 애벌레의 성장을 방해하지 않을 수 있다.

 ## 내검을 피해야 하는 상황

벌들이 외부 활동을 하기 어려운 바람이 많이 불거나 비가 오는 날은 벌통 내부에 모든 벌들이 모여 있다. 때문에 벌방의 상황을 관찰하기도 어렵고 내검 과정에 눌려 죽는 벌들도 많이 발생하기 때문에 피하는 것이 좋다. 날씨와 상관없이 새로운 여왕벌을 유입했거나 태어나기 직전의 상황이라면 봉군의 안정을 위하여 내검을 삼가야 한다.

🐝 주 1회의 내검

벌들의 생활을 도와주고자 하는 양봉가의 손길은 때로는 벌들의 생활을 방해하기도 한다. 수벌 숫자 조절을 위한 수벌방 제거, 소비를 들었다 내릴 때 발생하는 밀랍의 뭉개짐 등은 내검이 끝난 다음 일벌의 손에 의해 정비되어야 한다. 내검이 종료된 다음 일벌은 통상적으로 2시간 동안 정리를 한다고 하니 너무 잦은 내검은 일벌의 노동을 늘리는 꼴이 된다.

하지만 내검의 간격이 너무 길어도 안 된다. 특히 분봉의 위험이 있는 시기에는 자칫 내검을 거르면 벌 무리가 날아가 생기는 재산상의 손해도 발생할 뿐만 아니라 주변을 불편하게 할 수도 있다. 또한 질병의 발생이나 여왕벌의 부재를 놓칠 수도 있기 때문에 주기적인 내검은 필수적이다. 바쁜 생활을 이어가다 보면 내검을 놓칠 수 있기 때문에 요일이나 시간을 미리 지정해 두고 관리하여 2주 이상 내검을 하지 못하는 일이 없도록 해야 한다. 단 여름 장마철이나 늦가을 월동 대비기에는 내검 간격을 늘려도 괜찮다.

내검을 하며 찢어진 벌방 안의 꿀에 달려든 일벌들. 이때의 일벌은 훈연기로도 봉솔로도 쫓아내기가 힘들다.

내검하기

 ## 내검자의 자세

벌통의 뚜껑을 열 때는 서두르지 않고 신중한 자세로 임해야 한다. 긴장하거나 바쁜 손놀림으로 내검을 하면 벌들에게 스트레스를 주게 되고 사나워진 벌들에 의해 내검자가 쏘이는 일이 발생할 수 있다.

벌통의 측면에 서서 소비를 들어야 편하게 작업할 수 있다.

소비는 양쪽 손잡이를 잡고 수평을 맞추어 들어올린다.

 **내검의 과정**

① 방충복, 양봉 장갑을 착용하고 훈연기를 준비한다.
② 양봉장 주변, 소문 앞에 이상이 없는지 확인한 후 벌통의 측면에 서서 뚜껑을 연다.
③ 개포나 프로폴리스망을 들추고 훈연기로 연기를 쐬어 벌들을 진정시킨다.
④ 격리판이 있는 방향부터 소비를 들어 관찰한다.
⑤ 봉군의 상황에 맞는 적절한 조치를 취한다.
⑥ 소비를 잘 정리하고 프로폴리스망, 개포, 뚜껑 순으로 덮어 마무리한다.
⑦ 작업 내용과 특이점을 내검 일지에 기록한다.
⑧ 급수기의 물을 교체해주고 주변의 밀랍 찌꺼기 등을 정리하고 내검을 종료한다.

벌털기

벌이 가득 붙어 있는 소비는 벌방이 어떤 상황인지 확인하기 어렵기 때문에 벌을 털어내고 관찰한다. 소비의 양끝 손잡이 부분을 잡고 벌을 강하게 털어내면 되는데 벌을 털 때는 반드시 벌통의 바로 위에서 털어야 여왕벌이나 어린 벌들이 벌통 밖으로 떨어지는 것을 막을 수 있다. 아직 날지 못하는 어린 일벌은 한 번 밖으로 떨어지면 벌통으로 돌아오기 어렵다. 수집된 지 얼마 되지 않아 수분 함량이 높은 꿀은 소비를 너무 강한 힘으로 털어내면 벌방에서 빠져나올 수 있기 때문에 연습을 통한 적당한 힘 조절이 필요하다. 바닥에 떨어진 꿀의 냄새는 도봉의 원인이 될 수 있기 때문에 물티슈 등으로 바로 제거한다.

 봉솔의 활용

봉솔은 내검할 때 필수적으로 필요한 도구로 소비를 분리하거나 벌을 털어내는 등 다양하게 사용된다. 봉솔의 빗자루 부분은 벌집을 관찰하기 위하여 소비를 흔들어 벌을 털어낼 때 힘으로 떨어지지 않고 남아있는 벌을 정리할 때 사용한다. 번데기장이나 알장을 다른 벌통으로 옮겨줄 때 벌들이 붙어 있는 상태로 옮기면 싸움이 날 수 있기 때문에 벌들을 털어내고 옮겨야 하는데 그때 물리적 힘으로 떨어지지 않은 벌들을 솔로 털어낸다. 또 채밀을 위해 꿀장을 벌통에서 꺼낼 때도 벌들을 털어내고 꺼낸다.

봉솔은 밀랍과 프로폴리스가 발라져 있어 단단하게 연결된 소비들을 떼어낼 때도 사용한다. 봉솔의 뒷부분 손잡이를 소비 사이에 밀어 넣고 지렛대의 원리를 활용하여 소비를 밀면서 떼어내면 쉽게 분리할 수 있다.

🐝 훈연기, 바람 불기

조심스러운 손길로 내검을 하더라도 외부적 환경에 의해 벌들이 소란스러울 수 있기 때문에 내검을 할 때는 훈연기를 함께 준비하는게 좋다. 특히 봄철에 벌들의 세력이 왕성한 시기에는 소비를 정리하거나 뚜껑을 덮을 때 벌들이 끼어 죽는 경우가 발생하는데 훈연기로 연기를 쏘여서 벌들의 위치를 조정한 다음 작업하면 내검 과정에서 죽는 벌들을 줄일 수 있다.

훈연제로는 쑥이나 솔잎 등을 많이 사용하는데 말린 귤껍질이나 솔방울도 좋은 훈연제가 된다. 내검을 종료한 이후에 남

아있는 훈연기의 열기는 화재의 위험이 있기 때문에 불씨가
완전히 꺼진 것을 확인하고 안전한 장소에 보관해야 한다.

모여 있는 벌들은 훈연을 통해 위치를 조정 후 내검한다.

훈연기 사용법
벌통 가장자리의 벌들은 훈연기를 쐬어 이동시킨 후 뚜껑을
닫아야 눌려 죽는 일벌을 예방할 수 있다.

① 훈연기의 뚜껑을 먼저 열어 둔다.

② 훈연제에 라이터 등으로 불을 붙인 다음 훈연기 안쪽에 넣는다.

③ 불이 붙은 훈연제 위로 훈연제를 가득 채운다.

④ 뚜껑을 덮고 바람통을 눌러 공기를 순환시킨다.

① 훈연기의 뚜껑을 열고 훈연제를 가득 채운다.

② 뚜껑을 덮고 토치로 훈연기의 측면 하단을 가열한다.

③ 가열하면서 바람통을 눌러 산소를 공급한다.

④ 연기가 나오기 시작하면 토치를 끄고 바람통을 몇 번 더 눌러 연기가 더 나오도록 한다.

 **소비의 배열**

산란권 소비의 구조

❶ 산란권 : 알, 애벌레, 번데기   ❷ 꽃가루
❸ 꿀

꿀벌은 직육면체 모양의 벌통 내부에서 온도를 일정하게 유
지하기 좋은 가운데 부분을 산란과 육아를 위한 공간으로 사
용한다. 소비의 중앙 육아를 위한 공간 근처에는 애벌레를 먹
이기 위해 필요한 꽃가루를 저장하고 가장 외각에 꿀을 저장
한다.

양봉가가 내검 과정에서 가운데 위치해 있던 애벌레장을 가장 바깥쪽으로 옮겨 놓는다면 일벌은 온도 유지를 위해 더 많은 에너지를 소비해야 하고 애벌레의 성장이 느려지거나 정상적으로 성장하지 못할 수도 있다. 또한 일벌은 관리가 어렵다고 판단되는 애벌레를 포기하여 꺼내 버리기도 하기 때문에 내검자는 이러한 꿀벌의 특징을 고려하여 임의로 소비를 배치하지 않아야 한다.

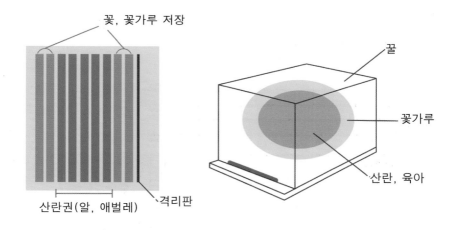

부분 내검 시에는 여왕벌이 위치해 있을 가능성이 가장 높은 벌통 가운데 부분 소비 두세 개를 빠르게 들어 올려 여왕벌의 건제와 산란 정도를 확인한다.

 소비의 정리

소비를 정리할 때는 반드시 소비 사이에 비어 있는 공간이 없도록 바싹 붙여서 마무리해야 한다. 야생의 꿀벌은 벌집 사이에 일정한 간격을 두어 이동 통로로 사용한다. 이 공간을 비 스페이스(Bee Space)라고 부르는데 일벌은 벌집을 지을 때 6.5mm에서 9.53mm 사이를 남기고 벌집을 짓는다. 이보다 작은 공간은 밀랍이나 프로폴리스로 막아버리고 더 큰 공간은 새로운 집을 지어 넣는다.

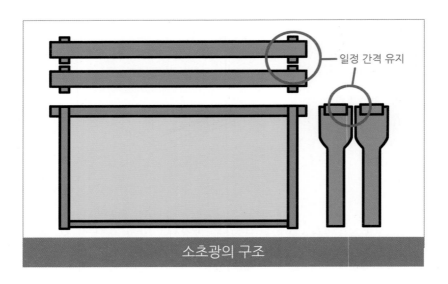

소초광의 구조

격리판 외부로 넘어온 일벌들

격리판과 소비 사이의 간격을 붙여주지 않아 만들어진 헛집

양봉가가 넣어주는 소비는 그것을 밀착시키는 것만으로도 비스페이스가 맞도록 설계되었다. 이 간격은 제작자에 따라 32mm, 35mm, 37mm 등 약간의 차이를 두고 만들어지는데 작은 차이지만 간격이 넓어지면 온도 유지에 상대적으로 불리하다. 반면에 간격이 좁으면 보온에는 유리하지만 숙성된 꿀의 뚜껑을 밀랍으로 덮는 밀개 속도가 빨라지게 된다. 이동양봉은 밀개되지 않은 상태에서 채밀하기 때문에 이동양봉의 비중이 높은 우리나라에서는 폭 37mm 틀이 선호된다. 이미 벌의 이동을 위한 충분한 간격을 주었기 때문에 이보다 간격이 벌어지면 일벌의 보온 작용이 불리해진다.

실수로 소비를 온전히 정리하지 않은 경우 그 사이에 벌집을 짓게 되고 이렇게 만들어진 헛집은 관리가 어렵기 때문에 제거해야 해서 밀랍의 낭비가 발생한다.

내검 일지 작성 방법

내검 일지

날짜	시간	날씨	여왕벌		소비수			산란				먹이			질병	오늘 한일	다음 준비물
			여왕벌	왕대 수	1층	2층	추가/축소	알	유충	번데기	빈공간	화분	안 닫힌 꿀	닫힌 꿀			
5/22	오전 10시	맑음	확인	2 제거	8	6	+2	1	3	2	3	1	2	2			이단소비 개미산
5/29	오전 10시	구름 약간	알 확인	5 제거	8	7	+1	2	2	3	2	1	3	2		개미산 처리	

내검 일지의 예시

내검 일지에 내용을 기록할 때는 내검을 시작할 때와 끝마칠 때 소비의 개수와 상황이 다르기 때문에 내검을 종료했을 때의 시점을 기준으로 작성한다.

소비의 상황은 꿀, 꽃가루, 알, 애벌레 등이 혼재되어 있어 완벽하게 하나로 정의하기 어려울 때가 있다. 단상의 산란 육아권은 특히 알장과 애벌레장의 기준이 모호할 수 있지만 벌방의 1/2 이상을 차지하는 것을 대표로 기록하면 된다.

번데기 장

닫힌 꿀

내검 시 확인 사항

 여왕벌의 유무와 산란 상태

여왕벌의 부재는 봉군의 생사와 직결되는 문제로 여왕벌에게 문제가 생기면 일벌들은 몇 시간 이내에 이를 인지하게 된다. 여왕벌이 없는 봉군은 일벌들이 평소보다 산만하고 공격적일 수 있다.

양봉가는 내검할 때 여왕벌의 존재를 확인해야 한다. 하지만 반드시 여왕벌을 육안으로 확인해야 하는 것은 아니다. 초보 양봉가의 경우에 여왕벌을 찾기 위해 벌통을 열어둔 상태로 30분 이상 내검을 지속하기도 하는데 이런 행위는 벌들에게 스트레스를 줄 뿐만 아니라 애벌레의 성장에도 좋지 않다. 여왕벌은 수만 마리의 벌들 중에 단 한 마리뿐이기 때문에 벌들이 밀집해있거나 숨어서 보이지 않을 수 있다. 산란한지 1일째 되는 알을 발견하였다면 여왕벌이 정상적으로 산란하고 있다고 간주하고 내검을 종료하면 된다.

산란 1일차의 알

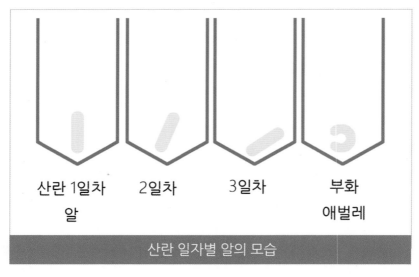

산란 1일차	2일차	3일차	부화
알			애벌레

산란 일자별 알의 모습

길쭉한 쌀알처럼 생긴 꿀벌의 알은 벌집의 바닥에 붙어 있는데 막 산란한 상태에서는 위를 향해 서있는 모습이다. 알의 크기가 워낙 작아서 잘 보이지 않는데다 오래된 벌집을 사용하는 경우 빛이 잘 들지 않아 더욱 관찰하기 어려울 수 있다.

벌통 내부의 여유 공간

봄철은 꿀과 꽃가루가 가장 많이 들어오는 시기인 동시에 산란도 가장 활발하게 이루어지는 시기이다. 이때는 공간이 부족하기 쉬운데 산란할 공간이 부족하여 여왕벌이 산란 압박을 받게 되면 분봉이 일어나기 쉬우므로 적절한 시기에 소초광 등을 넣어서 공간을 확보해 주어야 한다. 그렇다고 소비를 너무 많이 넣으면 벌들의 밀집도가 떨어져 내부 보온에 취약할 수 있으므로 세력의 확장 정도를 보아가며 소비를 넣어 주는 것이 좋다.

늦가을에 들어서면 태어나는 벌보다 죽는 벌의 수가 많아지고 먹이 소모량이 꿀 수집량보다 많아져서 빈 공간이 생기게 되는데 이때는 적절하게 소비를 줄이는 축소를 해준다.

꿀과 꽃가루의 저장 상황

벌방에 저장된 꽃가루

봉군을 관리하다 보면 꿀 수집의 역할을 맡은 외역벌의 수가 부족할 때가 있다. 그렇게 되면 먹이 부족 현상이 나타나는데 산란기에 꽃가루가 부족하다면 화분 떡을 넣어주고 저장된 꿀이 부족하면 이웃 벌통에서 꿀장 하나를 옮겨오거나 전년도에 채밀해 두었던 꿀을 먹이로 넣어준다.

소비 위에 올려둔 화분떡

소비 위에 올려둔 화분떡을 일벌이 벌방으로 옮겨서 저장

질병 유무와 건강 상태

꿀벌의 질병은 대체로 습도와 관련이 깊다. 장기간 다습한 환경이 이어지는 장마철은 특히 질병의 발생 위험이 크다. 질병이 발생하면 벌통 내에서 나쁜 냄새가 나거나 일벌에 의해 애벌레나 번데기가 벌통 입구에 버려지므로 세심한 관찰을 통해 빠른 확인과 조치를 해준다.

 왕대 제거, 분봉 가능성 확인

건강한 여왕벌이 정상적으로 산란을 하고 있고 인공 분봉을 통한 봉군의 수를 늘릴 의사가 없다면 내검 시에 철저하게 왕대를 제거해 주어야 한다. 여왕벌은 알에서 출방까지 16일밖에 걸리지 않기 때문에 자칫 애벌레가 성장하고 있는 왕대를 놓쳐 제거하지 못한다면 다음 내검이 오기 전에 기존 여왕벌이 분봉을 나가 버릴지도 모른다. 일벌들은 왕대의 온도 보호를 위해 왕대 주변을 둘러싸고 있기 때문에 소비에 붙은 벌을 잘 털어내고 왕완이나 왕대를 뭉개서 제거해 준다.

헛집, 수벌 번데기 제거

벌통 안에 넣는 소비의 가장 마지막 끝에는 격리판을 넣어 그 이상의 세력의 확장을 막아 준다. 하지만 격리판은 공간을 완벽하게 분리하는 것은 아니기 때문에 일벌은 산란이나 꿀 저장 공간이 부족하다고 판단하면 격리판을 넘어와 벌집을 짓는다. 이렇게 지정된 소비에 벌집이 지어지지 않은 것을 헛집 또는 덧집이라고 부른다.

적절하게 공간관리를 하지 못하면 일벌은 벌통 내부에 자유롭게 벌집을 짓는다.

헛집은 지속적인 관리가 어렵기 때문에 발견 즉시 제거해야 한다. 발견이 늦어지면 알을 낳거나 꿀, 꽃가루를 저장해 놓아 일벌의 소중한 노동력이 낭비되므로 세력의 확장 정도에 맞게 적절히 중소해 주어야 한다. 격리판 바깥쪽에 여분의 소초광을 하나 넣어 두는 것도 헛집을 예방하는 좋은 방법이다. 내검 과정에서 나온 헛집의 밀랍은 잘 모아 두었다가 밀랍초를 만드는데 활용할 수 있다.

05

계절별 관리

꿀벌을 처음으로 들여와서 이른 봄철, 여름철, 가을철 그리고 월동 관리하는 방법에 대해 자세히 알아보자.

꿀벌 들여오기

봉군 구입 시기

일반적인 양봉은 봄꽃이 움트기 전인 2월말부터 시작한다. 아직은 겨울의 한기가 더 많이 남아있는 이 시기에 양봉가는 벌들이 살아있는지 확인하고 산란을 촉진하는 작업들을 해준다. 올해 처음 벌을 구매해서 양봉을 시작하려는 사람은 이러한 작업이 다 끝난 후인 3월말이나 4월초에 벌을 받아 볼 수 있다.

3월 한 달 동안 양봉가는 벌들의 세력을 일정하게 조정하는 세력 고르기 작업을 진행한다. 이때의 봉군 관리는 변덕스러운 봄철의 날씨 때문에 더더욱 세심한 관리가 필요하고 세력의 크기도 제각각이기 때문에 판매자들은 막 월동을 마친 벌을 섣불리 판매하지 않는다.

보통 4월이 되어야 벌을 받아 볼 수 있는데 그렇다고 해서 4월까지 벌을 구하기 위해 가만히 기다려서는 안 된다. 벌을 판매할 만큼의 봉군수를 가지고 있는 양봉가의 경우 이동양봉을 병행하는 경우가 많은데 이동양봉은 이동을 떠나기 전에 봉군의 수를 정해두어야 하기 때문에 미리 예약하지 않으면 수량을 맞추지 못해 벌을 구할 수 없을지도 모른다. 반면 4월 중순을 넘어가면 새로운 봄에 꿀이 들어오기 때문에 벌을 잘 팔지 않고 꿀 수확에 집중한다. 올해의 양봉을 준비 중이라면 벌구매 계획을 잘 세워 시작해야 한다.

벌통에 담겨 있는 봉군 하나의 가격은 20만 원선이지만 가격의 폭이 넓게 형성되어 있어서 세력의 크기나 판매시기에 따라 매우 유동적이다.

봄에 판매되는 봉군은 3장~6장의 소비에 벌이 붙어 있는 상태이다. 초보자라면 너무 세력이 약한 벌은 관리가 어렵고 실패할 수 있기 때문에 어느 정도 일벌의 수가 안정적인 봉군을 구매하는 것이 좋다. 벌통 안에 담겨 있는 벌의 수는 가격에 일정 부분 비례한다.

벌의 판매 가격에는 벌이 담겨오는 나무 상자의 가격도 포함되는데 오래된 벌통의 벌을 구매하면 약간 저렴하게 구매할 수 있기도 하지만 오래된 벌통에서 질병이 옮겨올 수 있기 때문에 구입 후 새 벌통을 구매해 바꿔주는 것이 좋다.

 양봉은 2군이 기본

취미생활로 처음 양봉을 시작하는 경우 많이 하는 실수가 하나의 봉군만 구매하는 것이다. 초기 투자비용을 줄이기 위함이고 잘 관리하면 두세 개 봉군으로 늘릴 수 있지만 위험 부담이 큰 행동이다. 여왕벌은 양봉가가 아무리 잘 관리한다고 하여도 여러 가지 이유로 망실될 수 있기 때문에 이웃 봉군의 도움이 필요할 때가 있다. 일벌의 수가 많아 세력이 강한 봉군이었다 하더라도 여왕벌이 망실된 이후 새로운 여왕벌이 태어나서 산란하기까지 걸리는 약 3주 동안 새로운 알이 충원되지 않기 때문에 그 시기의 알들이 출방해야 할 3~4주 후부터 세력의 급감을 겪게 된다. 이는 새로운 여왕이 열심히 산란을 하더라도 육아를 담당할 어린 벌의 수가 부족하고 수명을 다한 벌들이 서서히 죽어가면서 세력을 회복하지 못할 수 있다. 두개 이상의 봉군을 관리하면 정상적으로 산란되고 있는 봉군에서 알이나 애벌레를 이동시켜 여왕벌이 없는 기간을 견딜 수 있다.

또한 여왕벌이 사라진 것을 모르고 왕대를 완벽하게 제거해 버렸을 때도 이웃 벌통에서 왕대를 옮겨 양성할 수 있기 때문에 반드시 2통 이상의 봉군을 함께 관리해야 한다.

🐝 벌 구매 시 확인 사항

양봉의 경험이 없는 사람이라면 벌통을 열어 보아도 어떤 상태인지 확인하기 어렵기 때문에 양봉을 시작하기 전에 약간의 교육을 들은 후 구매한다면 도움이 될 것이다. 구입할 벌을 선택할 때는 질병의 유무, 여왕벌의 상태, 일벌의 상태 등을 확인한다.

꿀벌의 질병은 초보자의 눈에 잘 보이지 않는 경우가 많지만 일단 벌통의 뚜껑을 열었을 때 나쁜 냄새가 나지 않아야 한다. 환기가 잘 되지 않는 벌통은 질병이 발생하기 쉬운데 노제마나 부저병 등은 냄새만으로도 감지가 가능하다.

봉군 내에서 산란이라는 중요한 역할을 담당하는 여왕벌의 상태는 가장 중요하게 확인해 보아야 한다. 여왕벌의 크기가 크고 특히 복부가 발달해 있어야 하며 활동적이어서 소비를 들어 올렸을 때도 움직임이 위축되지 않아야 한다. 여왕벌이 얼마나 산란을 잘 하는지는 육안으로 알 수 없기 때문에 외형적인 특징과 이미 산란한 알이나 번데기의 정도로 확인할 수 있다.

일벌의 건강상태도 매우 중요하다. 꿀벌의 해충인 응애가 발생하였을 때는 유난히 크기가 작은 일벌이 많거나 날개가 불구인 벌들이 섞여 있다. 만약 육안으로 응애가 보일 정도의 봉군이라면 이미 응애에 의한 피해가 많이 발생한 것으로 구매하지 않는 것이 좋다.

그밖에도 일령별로 일벌들이 고르게 분포한 봉군이 좋은데 어린 벌들은 육아를 담당하고 나이가 든 벌들은 외역을 담당하게 나누어져 있기 때문에 어린 벌들로만 구성된 봉군은 꿀을 수집할 일벌이 부족하여 먹이 부족 현상을 일으킬 수 있고 나이든 벌들로만 구성된 벌통은 당장 보기에는 세력이 강해 보이지만 애벌레가 잘 양육되지 않는다거나 수명이 다한 벌들이 죽어나가면서 급격하게 세력이 약해질 수 있다.

벌을 구매할 때 함께 고려해볼 사항 중 하나는 판매자의 태도이다. 살충제나 항생제의 사용을 너무 당연시 하는 경우 구매 이후 친환경적으로 관리하더라도 벌통 내부의 밀랍 등에 남아있는 잔류 성분 때문에 안심할 수 없다.

🐝 벌 옮기기

벌통을 옮겨 올 때는 일벌들이 외부 활동을 끝내고 집으로 돌아온 저녁이나 새벽에 이동해야 한다. 많은 벌들이 돌아오기 이전인 낮에 미리 내검을 하면서 소비 이동 강철을 격리판 외부에 끼워서 이동 중에 소비가 흔들림이 없도록 조치해 준다. 밤이 되어 일벌이 대부분 돌아오면 벌들이 드나드는 소문 입구를 닫아서 열리지 않도록 잘 고정한 다음 이동한다.

여름철에 벌통의 위치를 옮길 때는 차량의 열기로 벌통 내부의 온도가 너무 올라가지 않도록 주의해야 한다. 자칫 고온에 장시간 노출되면 벌통 내부의 꿀이 흘러내리고 밀랍이 녹아내려 전체를 몰살시킬 수도 있다.

🐝 벌통의 배치

이른 봄 보온이 절실한 시기를 제외하면 벌통간의 거리는 1m 정도 간격을 두고 배치하는 것이 좋다. 간격이 너무 좁으면 일벌들이 집을 찾아 들어갈 때 혼란스러워 할 수 있고 질병을 옮기기 쉽다. 벌통의 아래에는 받침대를 설치해 지면의 냉기와 습기가 벌통에 직접적인 영향을 미치지 못하도록 해야 한다.

벌통을 놓을 때는 바닥에서 50cm 가량 올려서 습기를 차단하고 벌통끼리 일정한 간격을 두어 배치한다.

봄철

 벌 구매 이후 첫 내검

벌통의 위치가 옮겨진 후 처음 며칠은 일벌들이 바뀐 장소에 익숙해질 때까지 내검을 삼가는 것이 좋다. 벌을 옮긴 다음날 벌통 외부의 움직임을 관찰해 보면 바뀐 자리를 탐색하듯 일 벌들이 부산히 입구를 드나들며 날아다니는 것을 볼 수 있다. 어쩔 수 없이 벌통을 놓은 바로 다음날 내검을 해야 할 때는 내검하는 동작에 더욱 주의하여 벌들에게 스트레스를 주지 않도록 조심해야 한다. 위치가 옮겨진 다음날은 벌들이 아직 변화한 위치에 적응하기 전이라 혼란스러워 하기 때문에 벌 들이 공격적이기 쉽다. 첫 내검부터 일벌들의 집단 공격을 받 으면 벌을 보는 일을 두려운 것으로 받아들일 수 있기 때문에 벌통이 안정을 찾은 이후에 내검할 것을 추천한다.

평소보다 혼란스러운 위치 이동 다음 날

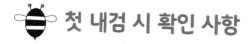

🐝 첫 내검 시 확인 사항

벌을 사오고 가장 먼저 벌통을 열었을 때는 소비의 한쪽 면에 있는 소비 이동 강철을 제거한다. 소비 이동 강철은 벌통을 이동시킬 때 소비가 좌우로 움직이는 것을 막아주는 장치로 벌통을 먼 곳으로 이동시킬 때는 반드시 끼워서 움직여야 벌들의 혼란을 줄일 수 있다. 작은 도구이기에 분실할 가능성이 있으므로 다음 자리이동을 위해 잘 보관한다.

첫 내검 시에는 이동 과정에서 벌들에게 이상이 생기지는 않았는지 확인해야 하는데 특히 여왕벌의 건강상태 확인이 필수적이다. 여왕벌이 정상적으로 산란을 시작하고 있다면 벌들이 살기 좋은 기상 조건과 풍부한 먹이가 있는 봄의 벌들은 잘 적응하게 될 것이다.

🐝 벌통 교체

벌을 구매해 올 때 기존에 사용하던 벌통에 벌을 그대로 담아서 가져오는데 오래 사용된 벌통은 내구성이 떨어지거나 병원균이 남아 있을 수 있기 때문에 새로운 벌통으로 교체해 주는 것이 좋다. 나무로 된 벌통의 외부는 페인트나 오일 스테인 등을 칠하면 더 오래 사용할 수 있다.

벌통 교체 과정

1. 새 벌통을 준비하여 소비를 순서대로 옮겨 준다.
2. 기존 벌통에 남아 있는 벌들을 봉솔로 쓸거나 털어 새 벌통에 옮겨 넣고 벌통의 뚜껑을 닫아 기존 벌통 위치에 새로 교체한 벌통을 놓아준다.
3. 기존 벌통에 벌들이 계속 남아 있다면 뚜껑과 소문을 열어 놓고 하루 정도 새 벌통 위에 올려놓으면 여왕벌을 찾아 새 벌통으로 들어간다.

 화분떡, 물 급여

애벌레의 성장을 위해 필수적인 요소는 깨끗한 물과 화분(꽃가루)이다. 주변에 일벌들이 날아가서 물을 구해올 만한 개울이 있다고 하더라도 이른 봄에는 물을 구하러 나갔던 일벌들이 갑자기 추워진 외부 날씨에 돌아오지 못할 수 있기 때문에 깨끗한 물은 반드시 챙겨 주는 것이 좋다. 산란과 육아가 활발한 시기에는 800㎖의 급수기에 담긴 물이 이틀 안에 소진되기도 한다.

봄에는 워낙 꽃이 많이 피는 계절이지만 주변의 밀원식물 분포에 따라 꽃가루 밀원이 부족한 경우에는 화분떡을 넣어 줄 수 있다. 화분떡은 애벌레에게 필요한 단백질 성분인 꽃가루나 대두 단백을 반죽해 놓은 것으로 비닐에 싸인 덩어리로 판매된다.

화분떡을 급여할 때는 비닐을 벗기지 않은 상태에서 내검칼을 이용하여 적당하게 등분한 다음 소비의 위쪽에 올려둔다. 약간 끈적한 질감 때문에 비닐을 벗긴 채 올리면 소비에 들러붙어 지저분해지기 쉽다. 올려둔 화분떡은 일벌들이 꽃가루를 옮기듯 벌방에 저장해 두는데 2주 이상 옮기지 않고 남은 화분떡은 제거하는 것이 위생적이다.

고여있는 물을 물어가는 일벌

벌방에 저장된 화분떡

 증소하기

처음 벌을 구매해서 가져왔을 때 소비 4장 ~ 6장 사이의 분량 이던 벌들은 세력이 확장함에 따라 소비를 하나씩 넣어가면 서 관리한다. 봄에는 산란이 가장 활발한 시기로 여왕벌은 하루에 2,000개 이상의 알을 낳을 수 있고 봄에는 새로운 꿀도 계속해서 들어오기 때문에 내검 시마다 2~3장씩 소비를 넣어주어야 할 수도 있다. 여왕벌이 산란할 공간의 부족을 느끼면 일벌들은 분봉을 준비하게 되고 한번 분봉하려는 의사가 생기면 쉽게 사그라들지 않기 때문에 충분한 공간을 제공해 주어야 한다.

소비, 소초광, 소광대 등을 넣어주는 일을 '증소'라고 하는데 벌을 털어내고 벌방 내부를 관찰하여 온전하게 비어있는 벌방이 한판 이하일 때, 격리판 밖으로 넘어와 있을 일벌들이 많이 눈에 띨 때 증소를 하면 된다.

만약 봉개된 번데기 방이 많다면 곧 벌들이 태어나 빈 공간이 될 것이기 때문에 증소를 많이 하지 않아도 괜찮다.

산란 공간을 위한 소비는 벌통의 가장 가운데에 위치시키고 꿀 저장을 위한 소비는 가장자리에 넣어준다. 격리판 바깥쪽

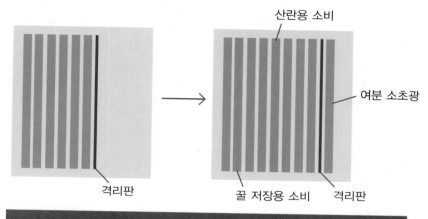

산란용 소비

여분 소초광

격리판

꿀 저장용 소비 격리판

증소의 예시

에 소초광 하나를 미리 넣어두어 미리 벌집을 짓게 하면 다음
에 내검할 때 바로 산란용으로 넣어 줄 수 있어 효율적이다.

새로운 소초광을 넣었을 때 밀랍을 분비하여 벌집을 지을 어린
벌이 많은 경우에는 하루에서 이틀 사이에 벌집을 완벽하게 지
어내기도 한다. 하지만 여왕벌에게 이 기간도 길게 느껴지는지
집을 짓는 과정에 있는 소비에 산란을 하기도 한다. 여왕벌이
산란의 압박을 느낄 때 새 소초를 넣으면 크기가 큰 수벌 산란
용 방을 많이 만들기 때문에 자칫 소비를 망칠 수 있다. 수벌방
이 많이 지어진 소비는 산란용으로는 적당하지 않고 꿀 저장용
으로 사용이 제한되기 때문에 활용도가 떨어진다.

증소 시기를 놓쳐 수평격왕판에 만들어진 헛집 ❶ ❷

증소 시기를 놓쳐 수평격왕판에 만들어진 헛집 ③

🐝 아카시 유밀기 대비

아카시 꿀은 우리나라 전체 꿀 생산량의 70% 가량을 차지한다. 다른 꽃에 비해 유난히 아카시 꽃이 많아서라기보다 양봉의 생산 관리 시스템이 유밀량이 많고 선호도가 높은 아카시를 중심으로 돌아가기 때문이다.

많은 양봉가들이 봄철 아카시 개화기에 맞추어 벌들을 깨우고 관리한다. 아카시 꽃이 피기 시작하면 남부 지방부터 아카시의 개화를 따라 이동하며 꿀을 모아온다. 취미로 하는 도시 양봉에서 꽃을 찾아 이동할 수는 없지만 산란 시기를 잘 관리하면 고정된 장소에서도 고품질의 아카시 꿀을 수확할 수 있다.

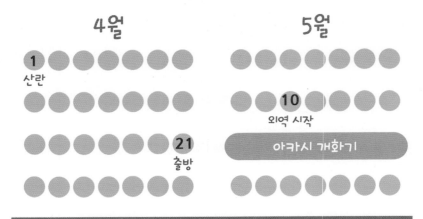

아카시 유밀기를 위한 세력 관리

지역의 기후에 따라 약간 달라지겠지만 중부지방에서는 대체로 5월 중순에 아카시가 개화한다. 일벌의 성장 과정을 고려할 때 5월 중순의 아카시 꿀을 목표로 한다면 4월 초순의 산란을 잘 관리해야 한다. 일벌은 알에서 애벌레와 번데기를 거쳐 성충으로 성장하는데 21일이 소요되고 태어난 후 약 18일간의 내역기간을 거친다. 애벌레를 돌보는 육아와 청소, 집짓기 등의 일을 하며 지내는 동안 체력도 키우고 집 주변의 지리도 익힌다. 태어난 직후부터 꿀을 수집하는 외역을 하지 않기 때문에 벌의 개체 수와 꿀 수집량은 정비례하지 않을 수 있다. 눈에 보이는 일벌이 수가 많다고 해서 바로 꿀 유입으로 이어지는 것은 아니라는 것을 이해하고 적절한 관리를 해 주어야 한다.

알아두면 좋아요

아카시 vs 아카시아

봄에 피는 흰색의 꽃을 아카시아라고 부르는 경우가 많은데 우리가 알고 있는 그 꽃은 아카시라고 부르는 것이 정확한 표현이다. 아카시아는 열대와 온대에 분포하는 상록수로 흰색 또는 황색의 꽃이 피는 아카시와는 전혀 다른 나무이다. 성장 속도가 빠른 아카시 나무는 1970년대 난방 연료로 나무를 사용하던 시대에 부족한 땔감으로 활용하기 위한 연료림으로 사용하기 위해 많이 조성되었다. 치산녹화 10년 계획을 추진하며 리키다 소나무, 오리나무와 함께 산림 복구 수종으로 심어지면서 전국적으로 분포하게 되었다.
아카시 나무는 일제 강점기에 우리나라에 도입되어 안 좋은 인식이 있는데다가 번식력이 좋아 주변 산에 금방 번지는 특성이 있다. 한 번 퍼지기 시작한 아카시는 왕성한 번식력으로 주변으로 확산하여 산을 망치는 나무라 하며 관리하지 않거나 벌목되는 경우가 많았다. 1990년 17만 5000ha이던 것이 난개발과 황화현상(엽록소 부족으로 잎이 누렇게 변하는 현상)으로 거의 절반가량이 고사하여 2007년 조사에서는 6만ha밖에 남아있지 않은 것으로 조사되었다.

 계상 올리기

4월초 적절한 산란 촉진을 위한 조치들이 이루어졌다면 4월 하순부터는 단상으로는 봉군을 감당하기 어려울 정도로 세력이 확대될 것이다. 본격적인 아카시 꿀이 들어오기 전에 계상을 올려서 효율적인 꿀 수확을 위한 관리를 하고 분봉이 일어나는 것을 막아 주어야 한다. 바닥이 막혀 있는 상자 형태인 단상과는 달리 계상은 아래가 뚫려 있는 모습으로 단상 위에 올려서 연결하여 사용한다. 계상을 올리는 시기는 정확히 계산하기 어렵기 때문에 미리 계상을 조립하여 준비해 두었다가 세력 확장의 상황을 보며 작업한다.

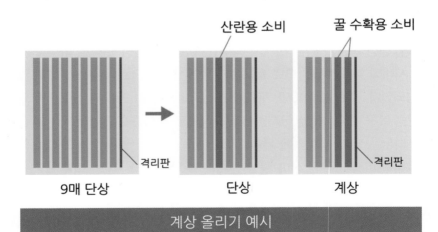

계상 올리기 예시

계상으로 올리는 소비는 알이나 애벌레가 많이 들어있는 것보다 번데기나 꿀이 차있는 소비가 좋다. 계상보다 단상이 애벌레를 위한 온도인 35℃를 유지하기에 유리하기 때문에 단상은 산란과 육아를 위한 공간으로, 계상은 꿀을 저장하는 공간으로 사용한다. 계상을 올리면 급격하게 내부 공간의 크기가 늘어나므로 내부 온도 유지에 불리하기 때문에 개포로 소비를 감싸듯 덮어 준다.

계상을 꿀 저장을 위한 공간으로 유도하더라도 여왕벌이 올라가서 알을 낳는다면 관리가 어려워진다. 그래서 계상을 올릴 때는 단상과 계상 사이에 격왕판을 설치하여 여왕벌의 이동을 제한한다. 단상과 계상 사이에 넣는 격왕판을 '수평격왕판'이라 하는데 일벌은 통과하지만 여왕벌은 드나들 수 없는 크기의 망으로 되어 있다.

계상을 올린 이후의 내검은 벌통의 뚜껑을 열어 계상의 꿀 저장 상태를 확인하고 계상을 들어서 바닥에 내려놓고 단상을 내검한다. 격왕판이 설치되어 있으면 여왕벌이 계상 안에는 없다고 확신할 수 있어 계상의 내검 과정과 바닥에 내려놓는 과정에 덜 주의하여도 되기 때문에 편하다.

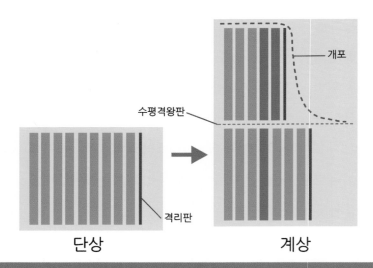

개포

수평격왕판

격리판

단상　　　　　　　　계상

계상 올리기 예시

벌통의 내부 공간이 확대된 만큼 보온에 신경을 써 주어야 한다.

단상과 계상의 사이에는 수평격왕판을 설치하여 여왕벌이 계상에 산란하는 것을 막아줄 수 있다.

 유밀기 소비 관리

꿀이 들어오면 일주일 이내에 채밀하여 열처리 과정으로 농도를 조절하는 이동양봉과 달리 숙성꿀을 얻기 위해서는 최소 한 달 이상의 시간이 필요하다. 5월 중순에 개화하는 아카시의 꿀은 6월말은 되어야 채밀할 자격이 된다. 아카시 꿀이 들어오면 벌통과 소비에서 아카시 특유의 향이 나므로 색과

향만으로도 꿀의 종류를 구별할 수 있다. 숙성과정에서 다른 꿀과 섞이는 것을 예방하려면 소비의 등에 꿀이 들어온 날짜와 종류를 적어두고 관리하면 된다.

소비의 등에 꿀이 유입된 날짜를 기록하여 관리하며 고품질의 꿀을 수확 가능

밀개되기 시작한 아카시 꿀

 분봉

봄은 꿀벌이 가장 많은 성장을 하는 시기로 세력을 나누기도 좋은 계절이다. 건조하고 따뜻한 날씨와 함께 먹이가 되는 꽃이 가장 많이 피어 있어 산란과 육아에 최적의 조건이라 할 수 있다. 세력이 확대된 만큼 봄철은 분봉의 가능성도 높아진다. 계상을 올려 넓은 공간을 제공하여 세력을 관리하더라도 분봉은 세대를 이어가려는 꿀벌의 본능이므로 언제나 발생할 수 있다. 기존 여왕벌과 일부 일벌들이 벌통을 떠난 이후에 세

력을 이어서 산란의 임무를 맡을 여왕벌이 준비되기 전에는 분봉이 잘 일어나지 않기 때문에 철저한 왕대의 관리로 분봉을 조절할 수 있다.

수만 마리 일벌들로 가득 차있는 벌통에서 왕대를 완벽하게 제거하는 것은 쉽지 않은 일이지만 자칫 왕대 한두 개를 놓쳐 원치 않는 분봉이 난다면 애써 모은 꿀과 일 잘하는 일벌, 여왕벌을 잃어버릴 수 있다.

봉군의 수를 늘릴 생각이 없는 양봉가라면 내검을 할 때 왕대를 꼼꼼히 제거해야 한다. 하지만 한 번 분봉하려는 움직임을 보인 세력이라면 지속적으로 분봉을 위한 행동을 하기 때문에 인공 분봉으로 세력을 가르는 것도 좋은 방법이다.

🐝 분봉의 과정

분봉의 의사가 생기면 일벌은 먼저 수벌의 산란을 유도하여 새로 태어날 여왕벌의 교미에 대비한다. 또한 왕대를 만들어 새로운 여왕 후보들도 함께 양성한다.

일벌들은 여왕벌에게 주는 먹이의 양을 서서히 줄여가며 분봉을 위한 비행에 적합한 상태로 만들어 둔다. 새로운 여왕벌이 태어나기 3~4일 전, 기존 여왕벌은 세력의 70% 정도의 일벌과 함께 벌통을 떠난다. 이때 일벌들은 10일 정도를 견딜 수 있는 꿀을 배에 담아가지고 나간다. 일벌들이 꿀을 가득 채우고 나가기 때문에 분봉 과정에 있는 일벌은 침을 쏘기가 힘들고 온순한 경향이 있다.

벌통 밖으로 쏟아져 나온 벌들은 여왕벌을 중심으로 1차 집결지에 모여 분봉 나갈 일벌들이 다 나오기를 기다린다. 이 장소는 보통 낮은 나무가 선택되는데 이때가 분봉을 잡기에 적당한 상태이다. 한두 시간 후 분봉 나갈 벌들이 다 나오면 새로운 장소의 탐색에 유리한 높은 장소로 이동한다.

분봉 나온 일벌 중 일부는 정찰의 임무를 띄고 새로운 집터를 물색하러 나간다. 정찰을 마친 일벌들이 춤언어를 통해 자신이 알아온 장소를 알리고 여러 일벌들이 알아온 장소 중에 하나의 장소로 정해질 때까지 탐색은 계속된다. 해가 질 때까지 결론이 나지 않으면 그 자리에서 밤을 지내고 다음날까지 탐색이 이어지기도 한다.

일벌들이 알아오는 새 집터는 기존의 벌통에서 가능한 멀리 떨어져 있으면서 안정적인 생활을 이어갈 수 있을 만큼 공간의 크기가 크고 안전한 장소이다. 자연 상태에서 집 자리를 선택할 때는 비어 있는 나무속이나 바위 아래의 공간을 많이 선택한다. 운이 좋은 경우 양봉장 근처에 비어 있는 벌통을 놓아 두면 분봉을 나온 벌들의 집 자리로 선택받을 수 있다.

세력의 일부가 떠났지만 벌통 내부에는 분봉을 따라가기 어려운 어린 벌들과 알, 애벌레, 번데기가 있고 저장된 꿀과 꽃가루가 있기 때문에 세력을 이어나가는데 무리가 없다. 분봉을 나가기 전 일벌들은 새로운 여왕벌을 양성하기 위해 여러 개의 왕대를 준비해 두었다.

새로운 여왕벌들은 여러 개의 왕대에서 동시에 성장하기 때문에 비슷한 시기에 태어날 가능성이 높다. 가장 먼저 태어난 새 여왕벌은 생존을 위한 경고를 한다. 소리를 내지 못하는 꿀벌이지만 진동을 통하여 새 여왕벌의 탄생을 벌통 전체에 알리고 내부를 돌아다니며 아직 태어나지 않은 왕대를 침을 찔러 후보 여왕벌들을 죽인다. 만약 거의 동시에 새 여왕벌이 태어났다면 둘 중 하나가 죽음을 맞이할 때까지 치열하게 싸운다. 전투에서 승리한 단 한 마리의 여왕벌이 봉군을 이어갈 자격을 가진다.

분봉열이 발생하여 엄청나게 많은 왕대가 만들어진 소비

 인공 분봉하는 방법

인공 분봉 방법을 잘 활용하면 벌통의 수를 늘릴 수 있다. 하지만 세력이 갈라지면 각각의 벌통의 군세는 약해지므로 세력의 확장 정도를 보고 결정해야 한다. 봄철에는 세력이 좋아 보여 무한히 성장할 것처럼 보이지만 가을철이 되면 급격히 줄어들어 월동 성공률이 낮아질 수 있다.

1. 새 벌통을 준비한다.
2. 인공 분봉을 하려는 봉군에서 왕대가 붙어있는 소비를 꺼내 새 벌통으로 옮겨준다.
3. 일벌이 가득 붙어있고 번데기가 많은 소비 두 장 정도를 같이 옮겨준다.
4. 새 벌통을 안정적인 장소에 두고 2주 정도 내검을 하지 않고 내버려 둔다. (왕대에서 여왕이 출방하기까지 5일 정도, 여왕이 성숙하기까지 일주일, 교미비행 이후 산란을 시작하기까지 일주일의 시간이 필요하다.)
5. 여왕벌이 없는 상태로 계속두면 세력이 약해질 수 있으므로 중간에 한 번 정도 원래의 벌통에서 번데기장 등을 충원해 준다.

 분봉잡기

라일락 나뭇가지 사이에 모여 있는 벌들

분봉 수용 후 정찰벌이 돌아올 때까지 벌통을 옮기지 않는다.

분봉이 시작되고 시간이 지나면 높은 장소로 이동하거나 먼 곳으로 이동할 수 있기 때문에 발견 즉시 수용해야만 한다. 수용할 벌통과 소비를 준비하고 어지럽게 날아다니는 벌들이 안정되어 하나로 뭉치기를 기다렸다가 작업을 시작한다. 분봉 나온 벌들은 상대적으로 온순한 상태이지만 방충복과 양봉장갑은 필수로 착용해야 한다.

벌들이 낮은 나무의 가지에 모여 있다면 아래에 뚜껑을 열어놓은 벌통을 놓고 나뭇가지를 강하게 흔들어 벌들을 떨어뜨려 수용할 수 있다. 하지만 강한 힘으로 한 번에 흔들어야 벌들이 완전히 떨어지고 자칫하면 뭉쳐있는 벌들이 흩어져 다른 장소로 옮겨갈 수 있기 때문에 요령이 필요하다.

낮은 나무의 가지 사이에 모여 있을 때는 털거나 쓸어 담을 수 없기 때문에 벌집이 지어진 소비를 이용하여 조금씩 이동시킨다. 모여 있는 벌들에 소비를 가져가면 조금씩 소비로 이동하는데 어느 정도 소비로 이동하면 옆에 준비한 벌통에 벌들을 털어 넣고 뚜껑을 닫는다. 이때 소문은 닫아져 있어야 벌통으로 옮긴 벌들이 다시 나가지 않는다. 이러한 옮기기는 여왕벌을 수용할 때까지 계속해야 한다. 여왕벌이 수용된 이후에는 소문을 열어두면 외부의 일벌들은 여왕벌의 페로몬에 유인되어 벌통 안으로 들어간다.

아카시 나뭇가지에 뭉쳐있는 분봉벌들을 수용하는 과정

높은 나무에 뭉쳐있는 벌을 수용할 때는 나무를 타고 올라가 작업해야 하는 위험이 있기 때문에 높은 곳으로 이동하기 전에 분봉의 발견이 중요하다. 사람이 직접 나무를 타지 않고도 분봉을 잡을 수 있는 채봉기도 판매되고 있으니 활용하면 좋을 것이다.

분봉을 위해 나무 위에 뭉쳐있는 꿀벌

눈에 보이는 벌들이 어느 정도 정리되었다고 해도 분봉을 잡은 벌통은 해가 질 때까지 그 자리에 두어야 한다. 집 자리를 찾으러 나간 정찰벌들이 돌아와 동료들이 사라진 것을 알아채고 주변을 배회하며 위협할 수 있기 때문에 섣부른 이동은 벌 쏘임 사고의 원인이 될 수 있다. 소비를 잘 배열하고 가능하다면 소비 이동 강철을 끼운 벌통은 뚜껑을 닫고 소문은 열어둔 채로 분봉난 자리 근처에서 밤이 될 때까지 놓아둔다.

해가 지고 정찰벌들도 대부분 돌아왔다고 판단되면 소문을 닫고 양봉장으로 이동시키면 된다. 분봉을 나온 세력은 산란력과 꿀 수집 능력이 뛰어나다고 평가된다.

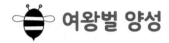 **여왕벌 양성**

여왕벌의 산란력은 1, 2년차에 가장 뛰어나기 때문에 대부분의 양봉가들은 아카시 유밀기가 끝난 6월경에 새로운 여왕벌로 교체한다. 5년 이상의 수명을 가진 여왕이기에 반드시 매해마다 여왕벌을 교체해야 하는 것은 아니지만 갑작스러운 여왕벌의 부재에 대응하기 위해서라도 여왕벌 양성 기술은 습득해 두어야 한다. 또한 여왕벌 양성은 로열젤리의 생산으

소비에서 4일령 내외의 애벌레를 선택해 플라스틱 왕완으로 옮겨
준다.

로 연결될 수 있다.

여왕벌의 교체는 봉군 내에서 자연스럽게 이루어지기도 하지만 우수한 여왕벌의 형질을 이어받은 여왕벌을 양성하면 생산성을 향상시킬 수 있다. 여왕벌의 산란력, 봉군의 세력, 꿀생산 능력 등을 고려하여 우수한 봉군에서 4일령 정도의 애벌레가 있는 소비를 꺼내서 이충을 통해 여왕벌을 양성한다. 이충이란 아직 로열젤리를 먹으며 성장하고 있는 일벌의 애벌레를 플라스틱 왕완에 옮겨 여왕벌로 양성시키는 과정을 의미한다.

이충침을 이용하여 벌방 안의 애벌레를 떠서 플라스틱 왕완에 조심스럽게 옮겨준다. 이때 애벌레에 손상이 가지 않아야 하고 장시간 작업으로 애벌레가 건조해지면 정상적으로 성장하기 못할 수도 있다. 이충의 성공률을 높이려면 재이충을 하거나 왕완에 미리 로열젤리를 발라 놓는 방법이 있다. 재이충은 전날 이충해 놓은 애벌레를 꺼내고 다시 이충해 넣는 방법으로 플라스틱 왕완에 로열젤리를 먼저 바르는 것도 같은 원리로 이충한 애벌레가 지속적으로 로열젤리를 섭취하도록 하기 위함이다.

플라스틱 왕완에 옮겨진 애벌레

여왕벌 양성에는 산란 후 4~5일된 일벌의 애벌레만이 사용된
다. 왕대에서 성장하는 애벌레가 아니더라도 그 기간에는 모
두 로열젤리를 먹으며 성장 중이기 때문에 여왕벌로 키우는
것이 가능하다. 단, 수벌의 애벌레는 로열젤리를 지속적으로
먹인다고 해서 여왕벌이 되는 것은 아니기 때문에 일벌방의
애벌레인지 확인해야 한다.

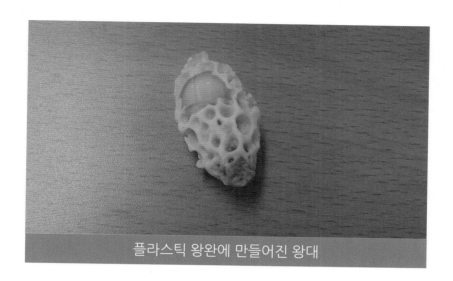

플라스틱 왕완에 만들어진 왕대

이충을 통해 양성한 왕대

애벌레를 이충한 왕완은 소비의 벌집에 뭉개서 붙여둔다. 밀랍은 형태의 변형이 자유롭고 약간의 점착성이 있기 때문에 손의 힘만으로 고정이 가능하다. 이충에 성공했다면 일벌들이 로열젤리를 먹여가며 왕대로 성장시킨다. 이충한 여왕벌은 12일 후에 태어나기 때문에 왕대가 정상적인 모습으로 성장한다면 기존 여왕벌은 제거해 주어야 한다.

애벌레를 옮기는 이충의 방법이 번거로울 때는 우수한 여왕벌의 봉군에 플라스틱 왕완을 꽂아 두는 방법으로도 우수 여왕벌을 양성할 수 있다. 벌집 사이에 꽂아둔 플라스틱 왕완이 왕대로 성장하면 떼어서 다른 봉군에 붙여주면 된다. 하지만 이 방법은 기존 여왕벌이 정상적으로 산란할 때만 활용 가능한 방법이고 여왕벌의 망실 이후에는 이충으로 양성해야 한다.

 **산란성 일벌**

봉군 내 여왕벌의 부재가 오래되면 알을 낳는 산란성 일벌이 발생한다. 교미를 할 수 없는 일벌이지만 암컷인 일벌은 상황이 맞는다면 산란이 가능하다. 여왕벌이 지속적으로 분비하는 페로몬에는 일벌의 산란을 억제하는 물질이 함께 있는데 여왕벌의 망실이나 건강상의 이상으로 페로몬의 영향력이 적어지면 일벌의 산란기관이 활성화된다.

일벌의 산란은 여러 마리의 일벌이 경쟁적으로 산란하기 때문에 하나의 벌방에 여러 개의 알을 낳는 경우가 많고 미수정란을 낳게 되어 수벌만 태어난다. 또한 산란성이 생긴 일벌은 새로운 여왕벌을 잘 받아들이지 않고 공격하려는 성향이 있어 여왕벌을 유입시키기도 어렵다.

산란성 일벌이 발견된 봉군에는 빠르게 여왕벌을 넣어 봉군을 안정시켜 주어야 한다. 여왕벌을 유입할 때는 안전한 왕롱에 넣어 여왕벌이 천천히 봉군을 접수하도록 하여야 한다. 산란성을 띤 일벌은 몸이 무거워져 잘 날지 못하기 때문에 벌통 입구에서 소비에 붙은 벌들을 전부 털어내어 정상적인 일벌만 돌아오도록 해주면 산란성 일벌을 걸러낼 수 있다.

경쟁적으로 알을 낳는 산란성 일벌은 하나의 벌방에 여러 개의 알을 낳게 된다.

벌통 밖에서 벌을 털어내어 산란성 일벌을 골라내는 과정 ❶ ❷

벌통 밖에서 벌을 털어내어 산란성 일벌을 골라내는 과정 ❸

그밖에도 강한 훈연이나 양파, 마늘 등의 냄새를 통해 일벌들로 하여 새로 유입된 여왕벌의 페로몬을 혼동하게 하여 유입하는 방법도 있다.

 여왕벌 유입

봉군 관리를 하다 보면 여러 가지 이유로 여왕벌이 망실되기 때문에 양성만큼 유입도 중요한 기술이다. 여왕벌은 각자의 고유한 페로몬을 가지고 있어 섣불리 여왕벌을 넣으면 일벌의 공격으로 소중한 여왕벌을 잃을 수도 있다.

직접 유입법

직접 유입법은 여왕벌을 바로 넣는 방법으로 일벌들이 여왕벌을 받아들이지 않을 수도 있다는 위험이 있다. 하지만 여왕벌이 왕롱에 갇혀 있는 동안에 발생하는 산란의 정지를 막을 수 있어 여왕벌이 봉군에 빠르게 적응하게 할 수 있다.

여왕벌 직접 유입의 가장 간단한 방법으로는 여왕벌의 몸에 꿀을 바르고 소비 사이에 놓아두는 것이다. 일벌들은 여왕벌의 몸에 묻은 꿀을 정리하는 과정에서 여왕벌의 페로몬을 받아들이게 된다.

산란성 일벌이 발생한 경우 여왕벌을 바로 넣기 어렵기 때문에 산란성 일벌을 벌통 밖에서 털어내는 과정과 함께 여왕벌을 유입해 준다. 벌통 밖에서 일벌들이 소문으로 들어올 때 소문 입구에 꿀을 바른 여왕벌을 놓아주면 일벌들이 꿀을 정리하고 함께 소문으로 들어간다.

일벌의 공격을 받은 여왕벌

간접 유입법

여왕벌 이동용으로 하는 플라스틱 왕롱에 여왕벌을 담아 소비 사이에 끼워두는 방법은 가장 간편하게 할 수 있는 간접 유입법이다.

여왕벌이 담긴 왕롱

왕롱을 소비 사이에 끼워둔다.

왕롱의 하단에 꿀로 반죽한 연백당을 가득 채우고 여왕벌과 시녀벌 몇 마리를 넣어 준다. 이 상태로 왕롱을 소비 사이에 넣어 두면 양쪽에서 일벌이 연백당을 갉아 먹으며 서서히 새 여왕벌의 페로몬에 익숙해지며 여왕벌을 받아들이게 된다. 연백당을 갉아먹으며 보내는 며칠의 시간 동안 여왕벌의 페로몬에 적응해지기 때문에 여왕벌에 대한 공격의 가능성은 낮아지지만 여왕벌이 갇혀있는 기간 동안 산란이 중지되면서 왕롱에서 여왕벌이 나왔을 때 즉각적인 산란으로 이어지지 못하는 단점이 있다.

간접 유입법의 다른 방법으로는 신문지를 이용한 합봉처럼 여왕벌을 위한 작은 신문지 상자를 만들어 안에 여왕벌을 담아 벌통에 넣는 것이다. 신문지 상자에는 작은 구멍을 여러 개 내어주고 위에 꿀을 약간 발라 주기도 한다. 시간이 지나면서 일벌이 신문지를 갉아내어 여왕벌이 나온다.

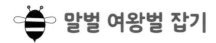 ## 말벌 여왕벌 잡기

봄철에 해주어야 할 일중 하나는 말벌 여왕벌을 잡는 것이다. 보통 말벌에 의한 꿀벌의 피해는 가을철에 집중된다. 말벌의

생태적 특성상 가을철에 세력이 왕성하고 먹이 수집 활동이 많이 이루어지기 때문에 벌통에 대한 집단 공격도 많아진다. 여왕벌과 일벌이 함께 월동을 하는 꿀벌과 달리 말벌은 매해 새로운 여왕벌이 세력을 독립적으로 키워간다. 봄에는 월동에서 깨어난 여왕벌만이 외부 활동을 하기 때문에 양봉장에 말벌 유인 트랩을 설치해 두어 말벌 방제를 하면 가을에 태어날 수천 마리 말벌을 미리 예방하는 효과가 있다.

여름철

 방서 대책

낮 기온이 올라가기 시작하는 6월 중순이 넘어가면 방충복에 가죽 장갑까지 끼고 작업해야 하는 양봉은 중노동이 되기 쉽다. 작은 상자 안에서 수만 마리가 함께 생활하는 꿀벌에게도 더위는 견디기 힘든 조건이 된다.

벌통 내부의 온도가 육아를 위한 적정 온도(30~36℃ 사이)보다 높아지면 일벌들은 꿀 수집활동을 멈추고 내부 온도를 낮추는 일에 집중한다. 벌통 내부에 물을 뿌리고 입구에서 날개로 바람을 일으켜 강제적으로 환기를 시킨다.

때문에 적절한 더위 대책을 세워주지 않으면 일벌의 꿀 수집활동이 방해받을 수 있고 애벌레의 성장에도 이상이 생길 수 있다.

벌통 내부 공기의 환기를 위해 꼬리를 들고 날개로 바람을 일으키고 있는 일벌의 모습

한여름의 햇빛을 막기 위해 벌통의 위치를 일시적으로 그늘진 곳으로 옮겨 놓는 것도 하나의 방법이다. 하지만 벌통의 위치 변경은 신중해야 한다. 2~4km의 활동 반경을 가지고 있는 일벌은 집 주변의 지리를 익혀서 빠르고 신속하게 수집활동을 할 수 있도록 한다. 때문에 어설픈 벌통 위치의 변경은 일벌들이 기억하는 지형과 바뀐 위치 사이의 혼란을 가져 올 수 있다. 일례로 수원의 한 도시 양봉장에서 건물 5층 옥상의 벌통을 1층 정원으로 옮긴 일이 있었다. 일벌들이 활동을 마친 밤 시간의 이동이었지만 다음날부터 꿀 수집 후 원래 벌통이

있던 옥상으로 모여든 일벌들 때문에 한동안 건물 사용자들이 일벌의 공격을 받는 등 불편을 겪어야 했다.

동일한 양봉장에서 그늘진 곳으로 옮겨야 할 때는 매일 조금씩 자리를 옮겨주면 일벌들의 혼란을 최소화할 수 있다. 그렇지 않다면 벌통을 며칠 동안 전혀 다른 장소에 두었다가 옮겨오는 것도 가능하다.

위치를 옮겨 그늘을 만들어 줄 수 없다면 벌통 위쪽에 햇빛과 장맛비를 피할 수 있는 비가림 시설을 설치해도 된다. 뚜껑보다 큰 스티로폼으로 뚜껑을 덮어 직사광선을 막아 주는 것만으로도 꿀벌이 더위를 이겨내는데 도움이 된다.

 ## 장마 대책

여름철 양봉 관리에서 가장 중점을 두어야 할 것은 높은 습도이다. 고온 건조한 생활환경을 필요로 하는 꿀벌은 여름철 장마기에 질병이 발생하기 쉽다. 또한 장마철에는 밀원식물의 개화량이 양적으로 부족할 뿐만 아니라 빗물이 섞여 꽃꿀의 수분도가 높아지기 때문에 꿀 수집의 효율성도 떨어진다.

비가 많이 내리는 장마철에는 벌통의 뒤쪽을 5cm 정도 들어서 내부로 들어온 빗물이 빠르게 빠져나갈 수 있도록 해주면 좋다. 또 벌통 내부의 빈 공간에 신문지에 싼 숯을 넣어 주는 것도 습기로 인한 질병을 예방하는 좋은 방법이다.

장마철은 꿀벌뿐만 아니라 농작물도 질병이 생기기 쉬운 시기인지라 장마 이후에는 농작물에 대한 농약의 살포가 증가한다. 도시에서도 수목을 소독하거나 주변 주말 농장 등에서 농약을 사용할 수 있기 때문에 비가 와서 주변에서 물을 구하기 쉬운 상태이더라도 깨끗한 물을 공급해 주어야 한다.

 **도봉 경계**

장마철처럼 꿀벌의 먹이가 부족한 시기에는 성질이 사나워지고 도봉이 일어나기 쉬워진다. 도봉은 다른 벌통의 꿀을 집단적으로 침입해 훔쳐가는 현상으로 한 번 도봉성을 드러낸 벌은 습관적으로 다른 벌통을 습격하기 때문에 미리 예방하는 것이 최선이다.

도봉을 예방하기 위해 꿀을 채밀할 때는 여름철 무밀기를 대비한 먹이를 충분히 남겨 놓아야 하고 내검 시에 꿀을 흘리지 말아야 한다. 주변에 떨어진 꿀 냄새에 다른 벌통의 일벌이 유인되어 도봉이 발생할 수 있다.

도봉은 세력이 약한 봉군에서 당하기 쉬우므로 봉군의 세력은 항상 강하게 유지해야 한다. 인공 분봉을 통해 벌통의 개수를 늘리는 것보다 강한 세력을 유지하는 소수의 벌통이 훨씬 효율적이다.

도봉을 당하고 있는 벌통을 보면 평소보다 소문이 혼잡하고 입구에서 싸우는 모습이 많이 보인다. 일벌이 꿀을 훔쳐 나올 때는 잘 저밀된 꿀을 중심으로 훔쳐 나오기 때문에 입구에 부서진 밀랍 찌꺼기가 지저분하게 떨어져 있다. 한번 시작된 도봉은 피도봉군의 꿀이 다 없어질 때까지 지속된다. 피도봉군은 그동안 저장해 놓은 꿀도 잃고 도봉을 방어하는 과정에서 체력을 많이 소모하게 되어 이후에 세력을 유지하기 힘들어진다.

도봉을 목격했다면 피도봉군의 벌통의 소문을 닫고 벌통의 위치를 한적한 곳으로 옮겨준다. 원래 벌통이 있던 자리에는 빈 벌통을 놓아둔다. 벌통 안에 물을 담은 그릇을 넣어 두어 도봉을 하러 들어온 일벌들에게 더 이상 훔쳐갈 꿀이 없다고 인식하게 한다.

도봉을 당하는 중인 봉군의 모습

여름철 내검을 힘들게 하는 프로폴리스

여름철 내검을 힘들게 하는 것은 더위와 땀도 있지만 일벌들이 모아오는 프로폴리스도 한 몫 한다. 프로폴리스는 나무나 풀에서 모아오는 수지에 침과 분비물을 섞어서 만들어 내는데 여름철에 유난히 많이 만들어진다. 소비와 소비 사이에 발라져 있는 프로폴리스는 내검을 할 때 봉솔이나 양봉장갑 등에 들러붙어 동작을 둔하게 만든다. 프로폴리스는 낮은 온도에서 굳는 성질이 있기 때문에 내검이 끝난 후에 떼어 내면 되는데 내검 중간에는 여분의 장갑을 이용하여 번갈아 사용하면 손이 둔해지는 것을 막을 수 있다.

일벌은 벌통의 곳곳에 프로폴리스를 발라 둔다.

가을철

 **산란력 증대**

가을이 되면서 여름의 무더위가 서서히 잦아들면 여왕벌의 산란이 다시 활발해진다. 수명이 길지 않은 여름에 태어난 일벌은 가을을 넘기지 못하고 죽고 가을에 새로 태어난 일벌들이 월동에 들어간다. 때문에 다음해 양봉의 성공을 위해서는 가을의 양봉 관리가 중요하다.

합봉

여름을 보내며 세력이 약해진 봉군은 두 개 이상의 봉군을 하나로 합하는 합봉을 해야 한다. 초보자의 경우 합봉을 하면 벌통의 수가 줄어들기 때문에 자산이 줄어든다고 생각하여 꺼려하는 일이 있는데 봉세가 약한 봉군은 그 상태로 월동이 불가능할 뿐만 아니라 합봉이 늦어지면 합봉 성공률도 낮아지기 때문에 과감하게 합쳐야 한다.

합봉의 방법으로는 신문지 합봉, 훈연합봉법, 합봉망을 이용한 방법, 합봉제를 이용한 방법 등이 있다.

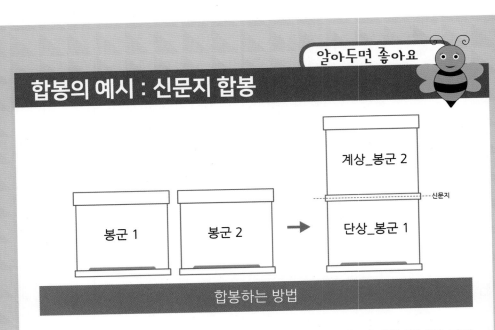

알아두면 좋아요

합봉의 예시 : 신문지 합봉

합봉하는 방법

단상 벌통에 신문지를 깔고 계상을 올린 다음 여왕벌을 제거한 합봉할 봉군의 소비를 옮겨 넣는다. 두 봉군을 강제로 합할 경우 페로몬의 냄새가 다른 두 세력이 싸워서 봉세가 약해질 수 있기 때문에 신문지로 둘 사이를 임시로 갈라 냄새가 섞일 수 있도록 하는 것이다. 일주일 후 일벌들에 의해 신문지가 갉아져서 자연스럽게 두 세력이 합해지면 신문지를 제거해 준다. 합봉은 약군끼리 하는 것보다 강군에 약군의 세력을 더해주는 것이 성공률이 높다.

신문지 합봉의 과정 ① ②

신문지 합봉의 과정 ③

 **월동꿀 확보**

주변의 밀원 상황에 따라 다르겠지만 보통 가을에 들어온 꿀은 채밀하지 않고 꿀벌의 월동용 먹이로 남겨둔다. 꿀벌이 건강하게 월동을 마무리하고 새로운 꿀이 들어오는 다음해 봄에 남은 꿀을 꺼내도 되기 때문에 과하게 채밀하여 월동 먹이를 부족하게 해서는 안 된다. 생각지도 못한 도봉을 당하거나 가을철 밀원식물이 예상보다 적었을 경우 미리 채밀해둔 꿀을 먹이로 주거나 부득이한 경우 설탕 사양을 할 수 있다.

설탕은 꿀과는 영양을 비교할 수 없기 때문에 과한 설탕 사양은 벌들의 체력을 약하게 할 수 있지만 월동 먹이 부족으로 봉군 전체를 잃는 것보다 나은 선택일 수 있다. 단, 기온이 너무 낮은 시기에 설탕 사양을 할 경우 소화 불량이 걸릴 수 있기 때문에 설탕 사양은 날씨가 추워지기 시작하는 10월 중순 이전에 마무리해야 한다. 월동을 마친 이후에는 먹이로 넣어준 설탕액을 정리해야 한다.

이것을 '정리채밀'이라고 하는데 대부분의 양봉가들은 아카시 꿀이 들어오기 전에 기존 소비에 남아 있는 꿀을 빼내는 작업을 통해 꿀의 품질을 향상시킨다.

소비의 축소와 보온

가을이 깊어지고 기온이 서서히 낮아지면 여왕벌의 산란력도 함께 줄어든다. 새로 태어나는 벌보다 수명을 다해 죽는 벌의 수가 많아지므로 봉군의 세력은 날이 갈수록 작아진다. 봄에 세력이 늘어남에 따라 소비를 늘려주었던 것처럼 가을에는 세력이 줄어든 만큼 소비를 줄여 주어야 한다. 꿀이 많이 들어 있지 않은 소비를 중심으로 미리 격리판 바깥쪽으로 빼두면 일벌들이 꿀을 격리판 안쪽으로 옮겨가기 때문에 다음 내검 때 비어있는 공소비를 정리해 주면 된다.

소비의 축소와 함께 보온에도 신경을 써야 하는데 평소에 사용하는 개포 위에 월동용 개포를 추가로 올려주고 소비의 외각에 보온재를 추가해 준다. 소문은 10cm 내외로 열어두고 11월 서리 이후에는 4cm 이내로 관리하여 급격한 내부 온도 변화를 막아준다.

말벌의 생활사

여왕벌과 여러 마리의 일벌이 함께 월동을 하는 꿀벌과는 달리 말벌은 여왕벌 단독으로 겨울을 보낸다. 말벌뿐 아니라 호박벌, 뒤영벌, 뿔가위벌 등 꿀벌을 제외한 거의 대부분의 벌들은 단독 월동을 하는 특징이 있다.

3~4월경 말벌 여왕벌은 동면에서 깨어나 집지을 자리를 선정한다. 여왕벌은 나무의 껍질이나 진흙 등을 물어와 집을 짓고 알을 낳는다. 이때 낳는 알은 일벌로 한두 마리씩 태어나는 일벌과 함께 세력을 키워 나간다.

6월경 일벌이 어느 정도 세력으로 늘어나면 여왕벌은 외역을 줄이고 산란에 집중한다. 말벌 집단의 세력은 8월경이 되면 세력은 급격히 팽창하게 되고 말벌 애벌레를 키우기 위한 먹이 수요가 증가한다. 이때부터 사람들 눈에도 말벌이 눈에 띄게 되고 벌초나 성묘 시기와 겹치면서 말벌에 쏘이는 사고가 많이 발생한다. 이 시기에 말벌은 집단으로 꿀벌집을 공격하여 꿀벌 애벌레를 잡아가는 일이 잦기 때문에 양봉가는 철저한 대비를 해야 한다.

9월경이 되면 말벌집의 확장은 중지하고 수벌과 새로운 여왕벌이 태어나기 시작한다. 새로 태어난 수십 마리의 여왕벌 후보들은 수벌과의 교미를 통해 저정낭(seminal vesicie)에 정자를 저장한다.

겨울이 다가오면 구 여왕벌과 수벌들은 죽고 새 여왕벌들은 안정된 장소를 찾아 월동 동면한다. 다음해에 월동에 성공한 말벌 여왕벌은 자신의 세력을 이끌게 된다.

말벌은 여왕벌 한 마리에서 시작하여 매해 새로운 세력이 만들어지게 되고 벌집도 그때마다 새로 짓는 특징이 있다. 남이 사용하던 말벌집은 절대로 다시 사용하지 않기 때문에 만약 집 근처에 말벌들이 떠난 헌 말벌집이 있다면 그대로 두어도 무방하다.

 말벌 피해 대비

말벌의 공격에 피해를 입은 봉군

8월 15일을 전후로 시작된 말벌의 공격은 추석을 즈음하여 가장 활발한데 방심하면 순식간에 봉군 하나를 잃을 수도 있기 때문에 다른 계절보다 더 많은 관심을 가져야 한다.

말벌끈끈이

포획한 말벌을 말벌 끈끈이에 붙여두면 말벌을 유인하는 효과가 있다.

말벌끈끈이를 설치할 때는 주변을 날라다니는 말벌을 한 마리 붙여두면 훨씬 더 효과적이다. 가을에 양봉장에 갈 때는 테니스채를 양봉 도구와 함께 준비하여 가서 주변에 날아다니는 말벌을 잡는다. 테니스 채의 공격으로 한 번에 죽지 않는 말벌을 끈끈이에 붙여두면 동료 말벌에게 구조신호를 보낸다. 집단 공격의 특성을 가진 말벌은 동료 말벌이 공격을 받으면 도와주러 오는 특성이 있어 다른 말벌을 유인하는 효과가 있다.

말벌 포획기

말벌 트랩은 말벌이 좋아하는 냄새를 이용하여 말벌을 생포하는 방법이다. 말벌은 막걸리, 과일껍질 등이 발효될 때 나는 쉰 냄새를 선호하는 경향이 있다. 트랩의 안쪽에 유인 물질을 넣어 두면 냄새에 유인된 말벌이 포획된다. 살아있는 상태의 말벌을 포획할 수 있기 때문에 생포한 말벌로 말벌주를 담기도 한다.

유인액의 냄새는 시간이 지나면 흐려지기 때문에 주기적으로 안의 내용물을 갈아 주어야 한다.

말벌 포획기

말벌망

말벌망을 자르고 들어가 공격중인 장수말벌

말벌소문망

말벌망은 벌통 외부를 말벌이 통과하기 어려운 크기의 망으로 둘러 주어 벌통 내부로 들어가 애벌레를 잡아가지 못하도록 하는 방법이다. 하지만 간혹 말벌이 강한 턱으로 말벌망을 끊고 들어가는 경우도 있기 때문에 튼튼한 말벌망으로 준비해 둔다.

플라스틱으로 만들어진 말벌소문망도 있고 망이 촘촘한 철망도 활용 가능하다.

🐝 응애 방제

꿀벌의 몸에 붙어서 채액을 빨아먹으며 기생하는 응애는 번식을 위해서 봉개된 벌방 안의 꿀벌 애벌레가 필수적이다. 때문에 여왕벌의 산란이 다시 활발해지는 가을에 꼼꼼한 방제가 필요하다. 가을철 응애 방제를 적절히 하지 못하면 응애와 꿀벌이 함께 월동에 들어가 월동 성공률이 급격히 낮아진다.

꿀벌의 몸에 기생하는 응애

월동 관리

 내부 보온 강화

일벌은 외부 기온이 내려가도 벌통 내부의 온도를 일정한 상태로 유지시키려 한다. 특히 산란과 육아가 이루어지는 벌통의 가운데 부분은 32℃ 이상으로 유지시키는데 외부의 급격한 온도 변화가 있으면 보온을 위한 에너지 소비가 많아지면서 먹이 소모량도 많아진다.

나무로 만들어진 벌통의 경우 여름철 비와 강한 햇살을 견디는 과정에서 미세하게 갈라져 있을 수 있어 열 손실이 많이 발생할 수 있다. 벌통의 뚜껑으로 빠져나가는 열기를 막기 위해 월동 개포를 사용하고 축소를 하며 만들어진 공간에는 월동 보온판을 추가해준다.

개포 위에 추가한 월동 개포

 봉구 형성

12월에 접어들면 벌통 밖으로 나오는 벌을 거의 관찰할 수 없다. 외부 온도가 낮아지면 벌들은 하나의 공처럼 모여서 온도를 유지하는데 이것을 '봉구'라 한다. 외부기온이 10~13℃ 정도가 되면 봉구를 형성한다고 알려져 있는데 이것은 봉군 자체의 세력에 따라 달라질 수 있기 때문에 절대적인 온도를 의

미하는 것은 아니다. 군세가 강해 내부의 일벌들이 많이 있는
경우에는 -8℃에서 봉구를 형성하는 경우도 있다고 알려져
있다.

봉구가 형성된 벌통

봉구가 형성되기 시작하면 벌통의 위치를 함부로 옮겨서는
안 되고 내검도 삼가야 한다. 봉구에서 이탈한 벌은 몸이 굳어
세력으로 합류할 수 없고 봉구가 무너지면 다시 모이지 못할
수 있다.

봉구가 형성되었다면 소비 위에 나뭇가지를 가로로 올려 벌들의 이동을 도와주어야 한다. 월동 기간 동안 벌들은 벌통 내부의 먹이를 소모해가며 조금씩 이동하는데 이때 소비를 돌아서 이동하기 어렵기 때문에 소비 위쪽에 최단 경로를 만들어 준다. 그래야 이동 과정에서 누락되어 얼어 죽는 사고를 예방할 수 있다. 또 나뭇가지는 소비와 개포 사이에 공간을 형성하여 공기의 순환을 도와주어 습기가 정체하는 것을 막아준다.

 월동 장소 선정

벌들이 월동하기 좋은 장소는 환기가 잘 되면서 일정한 온도가 유지되는 장소이다. 뒤쪽에 벽이 있어 북쪽에서 불어오는 차가운 겨울바람을 막아주는 곳이 좋고 진동이나 소음이 심하지 않은 장소가 월동하기에 적합하다.

겨울이라도 따뜻한 햇살이 소문을 통해 벌통 내부로 들어가면 내부 기온이 올라가 봉구가 깨질 수 있고 몇몇 일벌은 외부로 나와 활동하기도 한다. 때문에 벌통의 방향을 북쪽으로 돌려놓고 소문을 1cm 가량만 열어두어 벌들이 방해받지 않도록 한다.

 외부 포장

안정적인 월동을 나기 위해서 벌통의 외부에도 보온 작업을 해준다. 월동기간 벌통이 위치할 곳의 바닥에 스티로폼 보온 재를 깔아 바닥에서 올라오는 냉기를 막아주고 여러 개의 벌통이 있다면 벌통의 측면끼리 붙여 준다. 월동을 위한 안정적인 위치를 선정하였다면 부직포와 방수포를 덮어 주어 눈과 바람을 막아준다. 포장이라는 단어 때문에 입구까지 완벽하게 막는 것으로 오해하기 쉬운데 안정적인 보온만큼 중요한 것이 환기이기 때문에 소문 입구는 절대적으로 막히지 않도록 해야 한다.

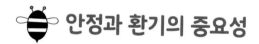 안정과 환기의 중요성

꿀벌의 월동을 위한 가장 최우선 조건은 안정과 환기라고 볼 수 있다. 외부 기온이나 환경이 급격하게 변화하여 봉구가 깨지면 세력 전체의 생사에 문제가 생길 수 있다. 특히 겨울철 따뜻한 날씨가 계속되면 벌들이 봉구를 깨고 외부 활동을 할 수 있는데 기온은 높으나 바람이 많이 부는 날이라면 외부로 나왔던 일벌이 집으로 돌아가지 못하는 일이 발생할 수 있다. 따뜻한 겨울은 벌들의 월동에 오히려 좋지 않은 조건이라 하겠다.

월동 포장까지 마무리하였다고 벌들을 봄까지 그대로 두기만 하면 되는 것은 아니다. 폭설이 오거나 바람에 날린 낙엽에 의해 소문 입구가 막힐 수 있기 때문에 2주에 한 번 정도 점검을 해주어야 한다. 특히 봉구를 형성하고 겨울을 나는 꿀벌은 월동과정에서 자연스럽게 수명을 다하는 일벌이 생기기 때문에 죽은 일벌의 사체가 봉구의 하단에 떨어져 쌓인다. 이러한 사체들이 쌓이면 환기를 위한 소문을 막을 수 있기 때문에 점검을 갔을 때 긴 막대기 등을 소문 입구로 집어넣어 죽은 벌의 사체를 꺼내주어야 한다.

월동 기간 중 환기가 잘 되지 않은 벌통은 벌들의 호흡과 외부와의 기온차로 인한 결로 등으로 습기가 차게 되어서 곰팡이가 쓸거나 노제마병에 걸릴 가능성이 높아진다.

월동 기간 환기가 되지 않아 월동에 실패한 봉군

 실내 월동

안정적인 월동을 위해서 실내 월동을 추천하기도 한다. 저온
저장고 시설이 되어 있다면 외부에서 월동하는 것보다 월동
성공률이 높다. 저온저장고의 온도를 0~2℃로 유지시키고 벌
통을 들여 놓으면 되는데 외부에서 월동할 때처럼 2주에 한

번 정도 내부의 낙봉을 정리하는 작업을 해주어야 한다. 저온 저장시설 내부의 온도가 영하 4℃ 이하로 떨어지지 않도록 주의하고 환기팬이 정상적으로 작동하는지 주기적으로 확인할 필요가 있다.

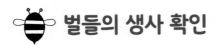 벌들의 생사 확인

월동기간 중에는 내검을 할 수 없기 때문에 벌들이 살아있는지, 먹이는 부족하지 않은지 확인하기가 어렵다. 정확한 방법은 아니지만 대략적으로 확인하는 방법이 벌통의 무게를 기록하는 것이다. 월동 들어가기 직전 벌통의 무게와 꿀장의 무게를 기록해 두면 먹이가 어느 정도 소모되는지 확인할 수 있어 다음해 양봉을 위한 소중한 자료가 될 것이다. 먹이 소모가 완전히 정지한 벌통이 있다면 월동기간 중이라도 뚜껑을 열어 폐사한 것인지, 먹이가 부족한 것인지 확인할 수 있다. 먹이가 부족한 상태라면 월동 전 빼 두었던 꿀장을 추가해준다.

이른 봄철

 벌깨우기

중부지방은 2월 중순 이후, 남부지방은 2월 상순부터 그 해의 새로운 양봉 관리를 시작할 수 있다.

봄기운이 서서히 느껴지면 따뜻하고 바람이 적은 날을 골라 첫 내검을 실시한다. 첫 내검의 목적은 월동 성공 여부를 확인하고 보온을 강화하는 것이다. 월동에 실패한 봉군은 과감히 정리한다.

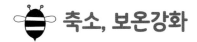 축소, 보온강화

월동 기간 동안 꿀벌의 봉군은 약 30% 가량 일벌의 손실이 발생한다. 월동 환경에 따라 손실량은 더 클 수 있기 때문에 일

벌의 수가 줄어든 만큼 새로 생긴 공간에 대한 보온 작업이 필수적이다.

일단, 월동 과정에서 저밀되어 있던 꿀을 소모하여 비어있는 상태가 된 소비를 꺼내 준다. 아직 외부 기온이 낮은 봄에는 벌들이 더욱 밀착하여 붙어 있어야 여왕벌이 산란을 시작할 수 있는 온도가 유지된다. 소비의 수가 줄어든 만큼 보온재를 추가하여 열기가 외부로 빠져나가는 것을 막아준다.

내검을 할 때는 벌들이 벌통 밖으로 떨어지지 않도록 특히 주의해야 한다. 이른 봄 일벌 한 마리의 가치는 다른 계절의 곱절은 되기에 아직은 낮은 외부 기온에 벌통 밖으로 떨어진 일벌의 몸이 굳어 되돌아오지 못하는 일이 없도록 주의해 가며 내검해야 한다.

산란 촉진

우리나라는 꽃들의 개화가 봄에 밀집하여 있고, 아카시 꿀의 선호도가 높기 때문에 꿀 수확량을 늘리려면 이른 봄의 관리가 중요하다. 알에서 출방까지 21일, 출방 이후 18일의 내역 기간을 고려하여 주변 밀원의 최대 개화기에 외역벌의 수가 최대가 되도록 관리하면 된다.

요즘은 벌통에 전기를 이용하여 온도를 올려 산란을 촉진하기도 하지만 전기가온은 고도의 관리 기술을 필요로 하는 일로 취미 양봉가는 자연의 변화에 맞추어 관리하는 것이 위험 부담을 줄일 수 있는 방법이다.

봄철 내검 시에 묽게 희석한 꿀을 사양하면 일벌이 유밀기로 착각하여 활동을 늘리고 벌집에 저장한 꿀의 수분은 날리기 위해 날개짓을 하면서 벌통 내부 온도가 올라가 산란이 촉진되는 효과를 얻을 수도 있다. 또 화분떡을 소비 위에 올려주고 깨끗한 물을 급수하여 원활한 애벌레의 성장을 도와준다.

 ## 이른 봄철 내검

이른 봄에는 조금씩 세력을 확장하는 벌들의 사는 모습이 궁금하다고 평소처럼 매주 내검을 해서는 안 된다. 잠깐이지만 차가운 봄바람이 벌통에 들어가면 벌들이 스트레스를 받기 쉽고 잘 자라던 애벌레들이 추위에 냉해를 입을 수도 있다.

적절한 축소와 보온, 화분떡과 깨끗한 물을 급여해 주었다면 벌들의 외부 활동 정도나 낮 기온의 정도를 보아가며 내검의 횟수를 조절한다.

3월에는 꽃이 피기 시작하고 따뜻한 날씨가 이어지기도 하지만 갑자기 한파가 몰려오기도 하기 때문에 월동 포장은 가능한 유지하여 변덕스러운 봄 기온의 변화에 피해를 입지 않도록 한다.

3월 초에 개화한 홍매화

수벌방 유도를 통한 응애 방제

월동 기간 동안에 일벌의 몸에 붙어서 생활하던 응애는 여왕
벌의 산란이 시작되면 번데기방에 들어가 번식을 시도하다.
때문에 봄철 첫 산란한 봉판을 제거하면 응애를 초기에 방제
하는 효과가 있다.

잘라낸 수벌 번데기방

꿀벌의 질병

꿀벌의 질병의 종류에 대해 살펴보고 질병을 확인하는 방법을 알아보자. 응애, 말벌, 기타 해충에 대해서도 살펴본다.

질병

야생성이 강하고 청소능력이 우수한 동양종 꿀벌과 달리 서양종 꿀벌은 질병과 병해충을 적극적으로 관리할 필요가 있다. 대표적인 꿀벌의 질병으로는 세균성 질병인 부저병, 진균에 의해 발병하는 백묵병, 포자충에 의한 노제마가 있고 각종 바이러스 병 등이 있다. 꿀벌에게 발생하는 대부분의 질병은 개체 수가 감소한 봉군에서 먹이 부족이나 과한 설탕 공급으로 인한 영양 부족으로 발생한다.

노제마

노제마는 단세포 원생동물 Nosema apis Zander가 성충의 몸에 먹이와 함께 들어가 내장 위벽에서 증식하며 발병하는 질병이다. 노제마 원충은 타원형의 포자 형태인 내부 기생충으로 점염성이 매우 강하고 특히 봄철에 많이 발병한다. 노제마가 성충 꿀벌의 소화기 및 그 부속기관에 감염하여 발병하면 행동이 둔해지고 잘 날지 못하여 벌통 앞에서 기는 행동을 보인다. 또한 복부가 부풀고 체내 수분이 많아져 설사를 하게 되는데 소비나 벌통 주변에 노란색의 배설 흔적이 보인다면 노제마에 감염된 것이다.

노제마는 습한 환경에서 잘 발병하기 때문에 봄, 가을 봉군 관리를 철저히 하고 습기가 없도록 청결하게 관리해야 한다.

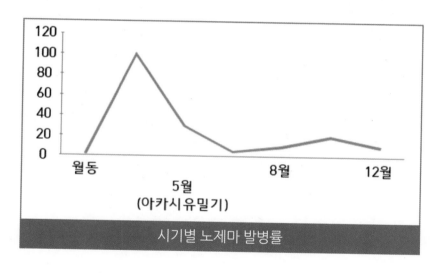

시기별 노제마 발병률

 **부저병**

부저병은 법정전염병으로 전염성이 매우 강한 미국부저병과
만성질병인 유럽부저병이 있다. 부저병은 일벌이 먹이를 주는
과정에서 병원균이 애벌레에게 감염되며 죽은 유충을 밖으로

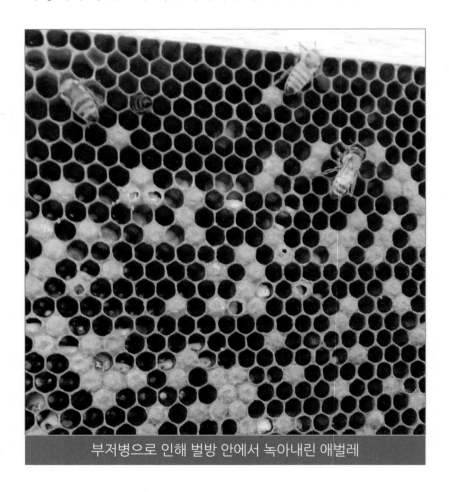

부저병으로 인해 벌방 안에서 녹아내린 애벌레

버리는 과정에서 일벌을 통해 다른 애벌레에게 전파된다.

부저병에 감염된 애벌레는 정상적으로 성장하지 못하고 녹아 내린다. 특히 미국 부저병은 애벌레가 녹아내리며 갈색의 끈적한 점성이 생기는데 벌통에서는 생선 썩는 냄새가 난다.

부저병은 항생제 등을 처방하여 치료가 가능하나 병이 확산될 경우 벌통을 소각해야 다른 벌통으로 전파되는 것을 막을 수 있다.

 백묵병

진균에 의해 발병하는 백묵병은 애벌레가 수분을 잃고 백색 또는 흑색으로 변해 굳어지는 질병으로 특히 수벌 애벌레에서 많이 발병한다. 백묵병 포자가 일벌의 입을 통해 애벌레에게 전파되어 확산되고 감염된 유충은 일벌이 물어다 버리기 때문에 벌통 입구에서 죽은 애벌레의 사체를 발견할 수 있다.

백묵병을 예방하기 위해서는 적절한 환기와 건조한 환경을 유지시키는 것이 중요하다. 벌통을 지면보다 높게 설치하여 습기가 올라오는 것을 막아주고 세력을 강하게 유지시켜 줘야 한다.

 # 꿀벌의 질병 확인하기

세계적으로 12종의 꿀벌 바이러스병이 보고되고 있으나 바이러스병의 치료제는 개발된 사례가 없어 봉군을 강하게 관리하는 것만이 유일한 예방책이라 할 수 있을 것이다. 봉군에 스트레스를 주지 않고 설탕 사양, 과도한 화분 채취를 피해 애벌레가 건강하게 자랄 수 있게 해야 한다. 만약 문제가 있는 벌통이 생기면 과감하게 정리하여 병의 확산을 막아야 한다.

정확한 병명을 알고자 할 때는 지역의 동물위생시험소에 의뢰를 하여 진단할 수 있다. 질병진단 의뢰서를 작성하여 20마리 이상의 꿀벌 시료를 채취하여 접수하면 정밀검사를 통해 병명을 확인할 수 있다.

정상적으로 태어나지 못한 일벌

응애

꿀벌 성충이나 애벌레의 몸에 기생하여 체액을 빨아 먹으며 살아가는 응애는 꿀벌응애, 중국가시응애, 기문응애 등이 있다. 응애 중에서 가장 많이 발견되는 꿀벌응애는 1~2mm 정도의 둥글 넓적한 형태로 약간의 광택이 있는 갈색을 띠고 있고 중국가시응애는 꿀벌응애보다 크기가 조금 작고 적갈색의 장축이 긴 타원형을 하고 있다. 꿀벌의 숨구멍에 기생하는 기문응애는 아직 국내에서 발견되지는 않았지만 방제가 어려운 응애로 알려져 있다.

응애는 꿀벌 성충의 몸에 기생하여 체액을 빨아 먹으며 피해를 주기도 하지만 봉개된 벌방에 들어가 생활하며 번식하는 과정에서 애벌레의 성장에 많은 피해를 준다. 내검과정에서 일벌을 관찰했을 때 유난히 작은 개체가 눈에 띄거나 날개 불구가 보이면 이미 응애에 의한 피해가 발생한 것으로 즉각적인 방제가 필요하다. 응애로 인한 애벌레의 성장 방해가 계속

되면 봉군의 세력이 약화되어 여러 가지 질병에 감염되기 쉽고 월동에 실패할 가능성이 높기 때문에 봉군 전체를 잃을 수도 있다. 서양종 꿀벌에 반해 동양종 꿀벌은 서로의 몸에 붙은 이물질을 청소해주기 때문에 따로 응애 방제를 해주지 않아도 된다.

수벌 번데기 방 안에 들어있는 응애

 ## 응애의 생활사

꿀벌간의 접촉이나 꿀 수집 과정에서 일벌의 몸에 붙어서 유입된 응애는 일벌의 몸에 붙어 지내다가 봉개되기 직전의 애벌레 방으로 뛰어 들어간다. 벌방의 깊숙한 곳에 숨어 벌방이 막히기를 기다린 응애는 벌방이 닫히고 30시간 후 첫 산란을 시작으로 산란을 계속하며 애벌레의 체액을 빨아 먹으며 번식한다. 봉개된 상태로 12일을 보내는 일벌방에서는 3마리, 15일을 보내는 수벌방에서는 6마리로 번식하여 나오는 응애는 일벌방보다는 수벌방을 선호한다.

 ## 개미산을 이용한 방제

개미산 처리는 산성 성분을 이용하여 응애를 방제하는 방법이다.

단상을 기준으로 30㎖의 개미산 용액을 적신 헝겊을 기화 용기에 담아 소비의 위에 올려 놓고 벌통을 닫는다. 개미산 처리는 한낮의 기온이 25℃ 이상일 때는 급격한 개미산 성분의 기화로 일벌에게도 피해가 갈 수 있기 때문에 피하는 것이 좋고 습도가 높지 않은 날 실시하는 것이 효과적이다. 개미산의 성분은 봉개된 벌방에 들어가 있는 응애에게는 효과가 없기 때문에 일주일 간격으로 4회를 한 세트로 하여 처리한다.

🐝 수벌 번데기 제거를 통한 방제

수벌방에 들어가 번식하기를 좋아하는 응애의 성질을 이용하여 응애를 방제할 수 있다.

벌방의 크기가 정해져 있는 일반 소초광들 사이에 자유롭게 벌집을 지을 수 있는 소광대를 넣어주면 일벌들은 크기가 큰 수벌방을 짓게 된다. 특히 봄에는 분봉을 위한 수벌을 많이 낳기 때문에 빠르게 수벌방을 양성할 수 있다. 애벌레가 성장해 벌방이 봉개되면 소비에서 수벌방 부분을 잘라내 버린다. 수벌 번데기와 함께 번식을 위해 수벌방에 들어가 있는 응애가 제거된다.

평소에도 내검할 때 소비 하단에 만들어지는 헛집을 바로 제거하지 않고 수벌 애벌레가 자라 봉개될 때를 기다려 제거하면 응애 방제가 가능하다.

이단 소광대에 만들어진 수벌 번데기방

내 검칼로 잘라낸 수벌번데기

🐝 응애 제거를 위한 살충제

시중에는 훈증, 분무, 급이 등 다양한 방법으로 응애를 방제하는 약품들이 판매되고 있지만 살충제 성분이 꿀과 밀랍에 잔류할 가능성이 있기 때문에 가능한 사용을 자제하는 것이 좋다.

말벌과 기타 해충

 등검은말벌

집단 공격을 감행하는 장수말벌말고도 꿀벌을 공격하는 말벌은 다양하다. 최근 경남 지방을 중심으로 확산되고 있는 등검은말벌의 경우 벌통 입구에서 공격하는 장수말벌과 달리 공중에서 일벌을 낚아채 간다. 공격의 모습이 눈에 잘 띄지 않아 피해 정도를 산정하기 어렵고 방제에도 어려움이 있다.

 부채명나방

소충이라고도 부르는 부채명나방은 밀랍을 먹고 사는 곤충으로 서양종 꿀벌보다 동양종 꿀벌에서 더 큰 피해를 준다. 부채명나방의 성충은 세력이 약한 봉군에 침투하여 알을 낳는데

알에서 깨어난 애벌레는 밀랍을 먹이로 한다. 소충은 성장하며 소비 사이에 터널 형태의 구멍을 내어 활동하므로 소비가 망가져 사용할 수 없게 된다.

부채명나방의 애벌레

소충에 의해 피해를 입은 소초광

저장해 놓은 꿀장에 소충이 발생한다면 벌집이 망가져 꿀이 아래로 흘러내리기 때문에 소비를 망치는 것뿐만 아니라 꿀도 버려진다. 소충은 세력이 강하게 유지된 봉군에는 피해를 주지 못하기 때문에 세력을 강군으로 유지해야 한다.

양봉가에게는 해충으로 분류되는 꿀벌부채명나방은 최근 플라스틱을 분해하는 곤충으로 주목을 받고 있다. 밀랍을 먹이로 하며 살아가는 이 애벌레가 플라스틱 비닐을 먹고 알코올 성분으로 분해해 내는 것이다. 아직은 연구 중에 있지만 플라스틱을 분해하는 효소를 찾아내 대량 생산하게 된다면 지구의 쓰레기 문제 개선에 큰 도움이 될 것이다.

개미, 거미, 두꺼비, 쥐 등

그밖에도 다양한 곤충들이 꿀벌의 생활을 방해하는데 꿀벌처럼 초개체를 이루어 생활하는 개미도 꿀벌에게는 해충이 된다. 크기가 작은 소형종 개미 중에는 벌집에 침입하여 꿀이나 애벌레를 훔쳐가는 경우도 있기 때문에 벌들이 피해를 본다.

거미류나 두꺼비는 꿀벌 성충을 노린다. 벌통 주변에 대형거미류가 집을 짓지 못하게 관리해야 하고 장마철에는 두꺼비가 출현해 소문 입구에서 일벌을 잡아먹을 수 있다.

월동 기간에는 쥐로 인한 피해가 발생하기도 하는데 한겨울에도 일정한 온도가 유지되는 벌통에 침입하여 꿀을 먹으며 지내기 때문에 안정을 필요로 하는 꿀벌의 월동에 많은 피해가 간다.

07

양봉 부산물

양봉의 대표적인 부산물인 꿀의 종류와 영양 성분 등 그리고 화분, 프로폴리스, 로열젤리, 밀랍 등에 대해 알아보자.

꿀

꿀의 영양 성분

식품공전(Korean Food Standards Codex) 상의 꿀의 정의는 '꿀벌이 수집하여 꿀주머니에 모아온 꽃꿀을 벌집에 옮겨 수분을 증발, 농축시키고 효소와 산을 첨가한 후 밀랍으로 밀개하여 저장한 것'이라고 되어 있다.

일벌이 꽃에서 수집해온 꽃꿀(花蜜, nectar)은 수분 함량이 높은 단물의 상태로 벌집에 저장된다. 꽃꿀은 일벌에 의해 수분이 증발되고 농축되면서 꿀벌의 침샘에서 분비하는 전화 효소에 의해 자당에서 포도당과 과당으로 변환된다.

밀원의 종류에 따라 당, 산, 질소, 무기물의 함량이 다르고 같은 종류의 밀원이라 하더라도 생산지, 생산년도, 기후 조건에 따라 향기와 색이 달라질 수 있는데 색이 연하고 향기가 부드러운 것이 상품가치가 높다. 우리나라는 벌꿀색의 기준은 없으

색상별 벌꿀 등급

색상	밀원	등급
Water white ⬡	아카시	~9
Extra white ⬡	글로벌, 자운영, 칠엽수	9~17
white ⬡	유채, 피나무, 싸리	18~34
Extra light amber ⬡	목화, 옻나물	35~50
Light amber ⬡	잡화	51~85
Amber ⬡	잡화	86~114
Dark amber ⬡	메밀, 밤나무	114~

벌꿀의 화학적 특징

종류	특징
당	꽃꿀의 주성분인 자당이 일벌의 소화효소에 의해 포도당과 과당으로 전화
산	벌꿀 특유의 맛을 내는데 영향 구연산, 초산, 유산, 낙산, 능금산, 호박산, 개미산 등
무기물	밀원의 종류에 따라 차이가 있지만 칼륨이 가장 많음
비타민	비타민 B_1, B_2, B_6, C, 엽산, 니아신, 판토텐산 등이 함유
효소	인버타제, 디아스타제
박테리아 억제물질	글루코시아다제에 의해 생성된 과산화수소에 의해 세균의 생장 억제

나 미국에서는 꿀의 색을 기준으로 7단계로 나누어 평가한다.

당 성분으로 구성되어 있고 수분 함량이 낮은 꿀은 그 자체가 천연 방부제로 따로 냉장 보관하지 않아도 오랜 시간 보관이 가능하다.

 이동양봉꿀

막 수집해온 꿀이 일벌에 의해 수분도가 조정되고 전화가 완료되기까지는 한 달 이상의 시간이 소요된다. 아카시꿀의 선호도가 높은 우리나라에서 짧은 기간 개화하는 아카시꿀을 수확하기 위해 그 시간을 기다릴 수 없어 우리나라에서는 이동양봉이 일반적인 방식으로 활용되고 있다.

이동양봉은 아카시의 개화가 시작되는 남부지방에서부터 꽃의 개화를 따라 일주일 정도씩 이동하며 꿀을 수집하는 방식이다. 일벌이 꿀을 모아온 후 수분을 말리는 시간을 줄 수 없을 뿐 아니라 이동 과정의 편의를 위해 이동 전에 수분이 많이 함유된 꿀을 채밀한 이후에 이동한다. 꽃에서 막 채밀한 꿀의 수분도는 50% 이상으로 이동 전 채밀을 통해 대용량 용기에 담긴 상태로 보관하여 열처리를 거친다.

열처리는 꿀의 수분도를 20%로 조정하기 위한 과정으로 열에 약한 비타민 성분과 꽃 특유의 향이 날아가는 손실이 발생하지만 대량생산을 위한 효율적인 방식으로 일반적으로 활용되고 있다.

서양에서는 열처리를 거치지 않은 생꿀(Raw honey)을 선호하며 아직 우리나라에서는 생꿀에 대한 인식이 부족하다.

열처리를 통해 수분도를 낮춘 꿀은 보통 꿀의 법적 기준인 20% 내외의 수분도를 가지고 있다. 반면 자연 숙성된 꿀은 일벌이 수분도가 16-17%가 되어야 밀개를 하기 때문에 높은 점성을 띈다.

벌통을 싣고 야간에 이동 중인 차량들

 ## 사양꿀

최근에 일반 소매점에 가면 사양꿀이라는 이름의 꿀이 꿀 판매대를 점령하고 있다. 꿀에 대해 잘 알지 못하는 소비자의 경우 아카시꿀이나 밤꿀처럼 하나의 꿀 이름으로 오해하게 되는데 사양꿀이란 일벌이 꽃에서 꿀을 모아오는 것이 아니라 설탕물을 먹여 꿀벌이 저장하게 한 꿀을 의미한다.

완벽하게 설탕만을 먹여서 벌을 키울 수도 없고 단순히 설탕을 물에 녹여 농축한 것과 달리 꿀벌에 의한 전화과정을 거쳤기 때문에 설탕보다는 낫다고 할 수 있지만 우리가 꿀에서 기대하는 각종 비타민 성분의 함유가 자연적으로 숙성한 꿀의 영양과는 많이 다르다고 할 수 있다.

 ## 벌집꿀

우리나라는 꿀에 대한 믿음이 약한 만큼 사람의 인위적인 손길이 덜 간 벌집꿀에 대한 선호가 높은 편이다. 벌집꿀이란 벌방에 보관된 꿀을 채밀을 하지 않고 밀랍에 들어있는 상태로 판매하는 것을 말한다. 일년에 한 번 채밀하는 동양종 꿀

벌의 경우 벌집이 들어있는 나무 틀과 함께 판매되는 경우가 많으며 벌집꿀은 다른 꿀에 비해 높은 가격을 형성하고 있다. 동양종 꿀벌은 밀랍으로 집을 지을 때 순수한 밀랍만을 사용하기에 벌집꿀의 식감이 약간 바삭한 느낌이 들고 서양종 꿀벌은 밀랍에 프로폴리스를 약간 섞어서 짓기 때문에 프로폴리스 특유의 끈적한 느낌이 남아 쫄깃한 껌 같은 식감을 가지게 한다.

 꿀의 진위 판명

꿀이 불신의 아이콘이 된 것은 그 맛과 향만으로는 전문가라도 진위를 판별하기 어렵기 때문일 것이다. 그 달콤한 맛을 보기 위해서는 최소 한 달은 기다려야 하는 슬로우 푸드인 꿀의 진위는 현재로는 탄소동위원소비를 통해서만 가능하다.

꽃꿀을 모아오는 밀원식물의 탄소동위원소비는 -22~-33‰의 범위이고 설탕의 원료 식물은 -10~-20‰의 범위를 갖는다. 식약처의 사양벌꿀 표시 기준에 따르면 탄소동위원소비 -23.5‰ 이상의 꿀은 사양꿀로 구분된다. (예를 들어 -17‰의 꿀이라면 일정 부분 설탕사양이 이루어진 꿀이다.)

꿀의 결정 현상에 대한 오해

우리가 꿀을 믿지 못하는 요인 중 하나는 꿀의 결정 현상 때문일 것이다. 장기간 보관한 꿀의 아래쪽에 하얗게 결정이 되어 서걱한 식감을 띄는 상태를 보면 누구나 설탕을 먼저 떠올리게 된다.

하지만 이런 꿀의 결정은 설탕 사양과는 상관없는 채집한 꿀의 성분 차이에 의한 것이다. 꿀을 구성하는 두 가지 당 성분인 포도당과 과당 성분 중 포도당의 비율이 높으면 결정이 일어난다. 포도당은 단맛이 상대적으로 약하며 체내흡수가 빠른 특징이 있고 단맛이 매우 강한 과당이 많이 함유된 꿀은 포도당에 비해 체내 흡수가 느리고 흡습조해성이 있어 결정이 잘 되지 않는 꿀이 된다.

이러한 결정 현상은 목본류 식물에 비해 초본류(한해살이풀) 식물에서 잘 일어난다. 대표적으로 유채와 메밀은 유난히 결정화가 잘 일어나는 꿀이다. 결정 현상이 일어난 꿀은 흐르지 않기 때문에 서양에서는 크림꿀이라고 부르며 빵에 발라먹는

용도로 선호된다.

꿀을 외부 온도가 15℃ 이하인 상태로 보관하거나 꿀에 화분 등이 많이 혼입되어 있을 때 결정 현상이 더 잘 일어난다. 결정이 생긴 꿀은 45℃ 정도 중탕에 꿀병을 넣어 서서히 용해시키면 원래의 상태로 되돌릴 수 있다.

🐝 채밀기를 이용한 꿀 수확

채밀기는 벌집틀에 의해 양봉이 관리되기 시작하고 난 이후 1865년 오스트리아 Hruschka에 의해 발명되었는데 원심력에 의해 꿀을 벌방에서 꺼내는 방법이다.

채밀기는 꿀장을 넣는 방식에 따라 크게 2가지로 구별할 수 있다. 꿀장의 한쪽 면씩 밀랍으로 덮어진 뚜껑을 떼어내고 채밀하는 고정식 채밀과 양쪽 면을 한꺼번에 채밀하는 방사식 채밀이다.

한쪽의 꿀을 빼내고 소비를 반전시켜 주어야 하는 고정식 채밀기는 번거롭고 여러 장을 한꺼번에 작업할 수 없는 단점이 있지만 꿀이 상대적으로 잘 빠져나오고 빠져 나온 꿀이 소비에 덜 묻는 장점이 있다.

방사식 채밀기는 여러 장을 한꺼번에 작업할 수 있어 시간을 단축할 수 있지만 원심력에 의해 빠져나온 꿀이 소비에 묻어 작업을 불편하게 하는 단점이 있다.

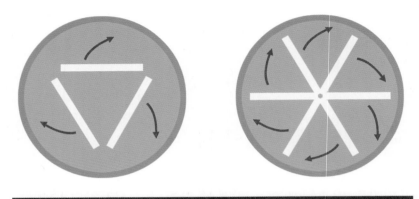

고정식 채밀기와 방사식 채밀기의 채밀 방향

규모가 많지 않은 취미 양봉이라면 고정식 채밀기로도 충분히 채밀이 가능하다.

채밀기를 이용한 채밀 과정

● **도구 준비하기** : 채밀기, 밀도, 밀여기, 끓는 물, 넓은 쟁반, 꿀 저장 용기

완전히 밀개된 꿀장

3매 고정식 채밀기

① 채밀할 꿀장을 벌통에서 꺼내온다.

이때 꺼내오는 소비는 2/3 이상 밀개된 것으로 선택해야 좋은 품질의 꿀을 얻을 수 있다.

② 큰 냄비에 물을 끓이고 밀도를 넣어 데운다.

③ 밀도를 이용하여 밀개된 뚜껑을 제거한다.

이때 밀도가 식으면 밀랍이 잘 잘리지 않고 밀도에 꿀이 많이 묻어 작업이 힘들어지므로 밀도를 데워가며 작업하는 것이 효율적이다.

④ 준비한 채밀기에 꿀장을 넣고 적정한 힘으로 돌려서 꿀을 빼낸다.

채밀기에 넣는 소비는 무게가 비슷한 것들을 넣어야 동일한 힘이 작용하여 채밀기가 심하게 흔들리는 것을 방지할 수 있다.

⑤ 밀여기를 통해 밀랍찌꺼기 등을 걸러낸 꿀은 병에 나누어 담아 보관한다.

● **채밀 후 정리** : 채밀에 사용된 소비는 다시 벌통 안으로 넣어주면 남은 꿀은 일벌이 정리하고 망가진 밀랍도 정리하여 다시 사용 가능하게 만들어 놓는다.

채밀 일주일 후의 소비

🐝 채반을 이용한 가정 채밀

● **도구 준비하기** : 국자나 주걱, 망이 고운 채반, 넓은 쟁반, 꿀 저장 용기

한두 통의 벌을 놓고 관리하는 경우 20만 원 가량 하는 채밀기의 비용이 부담스러울 수 있고 커다란 부피로 보관이 부담스러울 수 있다. 이럴 때는 채반을 이용하면 간단하게 집에서 채밀할 수 있다.

① 꿀이 흐를 수 있기 때문에 쟁반 위에 꿀장을 놓고 국자나 숟가락으로 밀랍을 뭉개어 꿀을 긁어낸다.
② 큰 그릇을 받친 채반에 긁어낸 꿀을 옮겨 담는다.
③ 소비의 앞뒷면을 같은 방식으로 꿀을 긁어내는데 바닥의 소초까지 긁지 않도록 힘 조절이 필요하다.
④ 집안의 따뜻한 장소에 하룻밤 정도 보관하면 중력에 의해 꿀이 자연스럽게 빠져나온다.
⑤ 채밀하고 난 소비는 다시 벌통으로 넣어준다.

가정 채밀 과정

● 채밀기를 활용할 때보다 낭비하는 꿀이 적기는 하지만 소
초광에 만들어진 벌방이 뭉개져 재사용할 수 없다는 단점
이 있다.

화분

 ## 화분의 영양 성분

화분 자체는 단백질 중심으로 구성되어 있으며 지방, 비타민, 미네랄, 아미노산 등이 포함되어 있다. 일벌이 꽃가루를 채집하는 과정에서 몸에 붙은 꽃가루를 꿀에 반죽하여 덩어리 형태로 만들어 오기 때문에 꿀의 영양 성분까지 포함된다.

꽃가루를 뒤집어 쓴 일벌

채분기 사용법

벌통의 소문 앞에 설치한 채분기

화분은 꿀과는 만들어지는 방식이 다르기 때문에 도시 양봉에서는 일반적으로 화분을 수확하지 않는다. 꿀은 꽃의 꿀주머니 안에서 만들어진 꽃꿀을 일벌의 혀의 대롱으로 뽑아서 저장해 오고 여러 번의 전화과정으로 유해 성분이 걸러진다. 꽃가루는 외부로 돌출된 수술에 붙어 있는 것을 일벌이 몸에 붙여 오는 것이기에 외부의 먼지가 걸러지기 어려운 구조이다. 화분의 채취는 채분기라는 기구를 이용하는데 벌이 드나드는 소문에 일벌 한 마리가 겨우 드나들만한 구멍들이 뚫린 기구를 설치한다. 뒷다리에 꽃가루를 뭉쳐서 들어오던 일벌은 집에 들어가는 과정에서 기구에 걸려 꽃가루를 떨어뜨리고 들어간다. 채분기를 이용한 꽃가루의 채취는 애벌레의 먹이가 되는 꽃가루를 중간에 가져오는 것으로 먹이 공급에 지장을 줄 수 있기 때문에 장시간 설치하지 않는 것이 좋다. 알에서 성충이 되기까지 21일이 소요되는 일벌의 경우 꿀과 꽃가루를 먹으며 성장하는 시기는 3일로 그 기간 동안 꽃가루의 수급이 불안하면 성장에 영향을 줄 수 있다.

화분의 보관방법 및 활용

자연 식분인 화분은 채취한 다음 완전히 건조한 후 보관하거나 냉동하여야 한다. 화분은 별다른 조리 없이 바로 섭취 가능한데 꽃가루 알레르기가 있을 경우 반응을 보아가며 섭취량을 조절한다. 아직은 우리에게 익숙하지 않은 식품인 화분을 그대로 먹기 어려울 경우에는 다른 요리에 넣어 함께 섭취해도 된다. 설탕이 첨가되지 않은 요거트에 직접 생산한 꿀과 화분을 올려 먹는다면 훌륭한 영양식이 될 것이다.

벌통 입구에 채분기를 설치하여 꽃가루를 수집

프로폴리스

프로폴리스는 식물이 자신을 보호하기 위해 만들어낸 진액을 꿀벌이 수집하여 꿀벌 타액의 효소와 혼합하여 만드는 물질로 암갈색이나 황갈색을 띤다. 일벌은 다양한 식물로부터 프로폴리스를 수집해 오는데 주로 소나무, 전나무, 버드나무, 자작나무 등에서 가져온다. 프로폴리스는 특유의 끈적한 질감 때문에 여름철 내검을 힘들게 하지만 수만 마리의 벌이 함께 생활하는 벌통 내부는 프로폴리스의 항균 성분 때문에 안전하게 지켜진다.

프로폴리스의 성분과 효능

미네랄, 비타민, 아미노산, 플라보노이드 성분이 포함되어 있는 프로폴리스는 항염, 항산화, 면역증강 등의 효능이 있다.

일벌은 모아온 프로폴리스로 벌통 내부의 오염되기 쉬운 부분이나 벌어진 틈새를 막음으로서 빗물이 스며드는 것을 예방하고 꿀을 노리는 작은 도둑인 개미가 침입하는 것도 막아낸다. 프로폴리스의 가장 주된 역할은 알과 유충을 각종 미생물로부터 안전하게 보호하는 것이다. 일벌들은 여왕벌이 산란하기 전에 벌방에 프로폴리스를 얇게 발라 코팅해 놓아 유해균이 발생하지 못하게 막아준다.

벌집 곳곳에 발라진 프로폴리스

소비 위에 설치한 프로폴리스망

프로폴리스가 잔뜩 붙은 프로폴리스망

 **프로폴리스 채취**

벌통 구석구석에 발라지는 프로폴리스는 밀랍과 섞이기도 하고 일일이 긁어내기 어렵기 때문에 프로폴리스망을 이용하여 채취한다. 소비와 개포 사이에 모기장처럼 생긴 망사를 올려 놓으면 작은 공간을 메우려는 일벌들에 의해 망 사이사이에 프로폴리스가 발라진다.

프로폴리스는 25~45℃에서는 부드러운 점성의 상태를 유지하며 15℃ 이하가 되면 딱딱하게 굳어진다. 프로폴리스가 붙어 있는 망을 냉동보관 하였다가 망을 비틀어 분리해 낼 수 있다.

 **프로폴리스 추출**

프로폴리스의 유효성분은 물에 잘 녹지 않기 때문에 주로 알코올을 이용해 추출한다. 채취한 프로폴리스를 70~80% 농도의 알코올에 넣어 프로폴리스 성분이 알코올에 녹아나오도록 한 다음 유색의 병에 담아 서늘한 곳에 보관한다.

로열젤리

로열젤리는 어린 일벌의 머리에 있는 인두선에서 분비하는 물질로 포유동물의 젖과 같은 역할을 한다고 하여 왕유라고도 불린다.

출방한지 5~15일 정도의 어린 일벌은 벌통의 곳곳을 돌아다니며 부화 후 3일 이내의 모든 애벌레에게 로열젤리를 공급하고 여왕벌에게는 전 애벌레 기간 동안 로열젤리를 급여한다.

왕완에 낳아진 알과 로열젤리를 먹으며 성장 중인 애벌레

 로열젤리의 성분과 효능

단백질, 지방, 탄수화물, 비타민, 무기질과 여러 가지 생리활성 물질이 포함되어 있는 로열젤리는 항노화, 항암효과가 있으며 동맥경화, 고혈압 등에 치료효과가 있는 것으로 알려져 있다. 동일한 유전적 조건을 가지고 있는 여왕벌과 일벌은 로열젤리와 꿀이라는 먹이의 차이만으로 크기와 기능 수명이 달라지기 때문에 로열젤리의 신비함이 있다 하겠다.

로열젤리의 생산

채유광에 플라스틱 왕완을 끼우고 하루 동안 소비 사이에 끼워 넣어 일벌들이 청소하게 해 준비한다. 정리된 플라스틱 왕완 이충침을 이용하여 4일령의 일벌 애벌레를 이충해준다. 이충이 완료된 채유광은 세력이 강하고 어린벌이 비중이 높은 봉군에 넣어주어 왕대로 키우도록 한다. 로열젤리는 어린벌에서 분비하기 때문에 세력이 약하거나 어린벌의 비중이 낮을 때는 원활한 생산이 이루어지지 않을 수 있다. 4일령의 애벌레를 이충했을 때 로열젤리의 양은 이충 후 72시간(7일령)

에 최대치를 이룬다. 8일령이 되면 왕대의 입구가 막히며 로열젤리의 양이 줄어들기 때문에 최적의 생산을 위해서 시간 기록이 필요하다.

완성된 왕대는 바로 냉동 보관하기도 하고 로열젤리만을 모아 보관하기도 한다. 로열젤리를 모을 때는 플라스틱 왕완 위에 만들어진 밀랍을 잘라내고 안에 들어있는 로열젤리 위에 있는 애벌레를 먼저 꺼낸다. 실리콘 재질의 스푼을 이용하여 플라스틱 왕완 안에 있는 로열젤리를 모아 유색의 용기에 담아 보관하고 바로 냉동해야 영양소의 파괴를 막을 수 있다.

플라스틱 왕완을 꽂을 수 있게 되어 있는 채유광

밀랍

밀랍은 일벌이 꿀을 먹고 몸속의 생화학 반응을 거쳐 만들어 내는 점착성 비결정 물질이다. 꿀벌의 몸에는 7개의 환절 마디가 있는데 3~6번째 마디에서 1쌍의 밀랍 비늘이 분비된다. 밀랍을 분비해 벌집을 짓는 일은 일벌에게 가장 힘든 일로 너무 많은 집짓기는 일벌의 수명을 단축시키는 원인이 된다. 또한 밀랍 1kg을 생산하기 위해서는 꿀 4kg이 소모되는 것으로 알려져 있는데 벌집이 지어진 소비를 잘 관리하여 꿀과 밀랍의 낭비가 없도록 해야 한다.

서양종 꿀벌은 타액으로 밀랍 비늘을 반죽하여 집을 짓는 과정에서 프로폴리스를 섞어서 짓기 때문에 밀랍에 소량의 프로폴리스가 함유되어 있다. 꿀을 벌집째 섭취하는 과정에서 프로폴리스의 효능까지 얻을 수 있어 벌집꿀은 채밀된 꿀에 비해 높은 가격을 형성한다.

밀랍의 활용

밀랍 시트 양초 만들기

양봉용 자재로 판매하는 소초를 이용하면 간단하게 밀랍초를
만들어 볼 수 있다.

● **준비물** : 천연밀랍시트(40 * 25cm), 심지, 칼, 자, 신문지
① 끈적한 밀랍이 묻어날 수 있기 때문에 바닥에 신문지를 깔
　아준다.
② 원하는 모양으로 밀랍시트를 재단한다.
③ 시트의 한 쪽에 심지를 높고 말아준다.

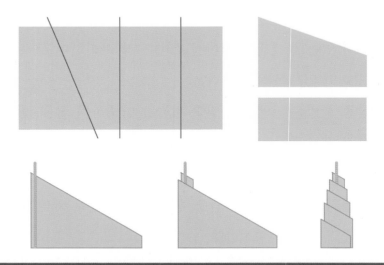

소초를 이용한 밀랍초 ❶

완성된 밀랍초 ❷

천연 밀랍초 만들기

내검 과정에서 나온 헛집이나 채밀할 때 나온 밀랍을 모아서 밀랍초를 만들 수 있다.

밀랍을 직접 가열하면 그을음이 많이 발생하기 때문에 밀랍초를 만들기 위해 녹일 때는 중탕이나 핫플레이트를 이용하는 것이 좋다.

● **준비물** : 밀랍 조각, 중탕용기 또는 핫플레이트, 심지, 심지
탭, 실리콘 몰드 또는 유리 용기, 온도계, 나무젓가락 등

① 용기에 밀랍 조각을 넣고 가열한다. 녹는점은 62~63℃이기
   때문에 낮은 온도에서도 녹기 시작한다. 95℃ 이상 올라가
   지 않도록 주의한다.

② 심지탭을 끼운 심지를 글루건을 이용하여 유리 용기의 바
   닥에 부착한다.

③ 나무젓가락을 끼워 심지를 고정한 다음 용기에 녹은 밀랍
   액을 부어준다.

④ 밀랍이 굳는 과정에서 움직이면 갈라지기 때문에 완전히
   식어서 굳을 때까지 그 자리에 놓아둔다.

밀랍초 만들기는 시중에서 판매되는 정제된 밀랍을 사용하여
도 좋다. 석유화합물로 만드는 파라핀 초와 달리 그을음이 덜
발생하는 천연 밀랍초는 냄새와 습기 제거에 효과적이며 함
유된 프로폴리스 성분의 효능까지 얻을 수 있다.

밀원식물

밀원식물에 대해 알아본 후 주요 밀원식물을 월별로 살펴
보자.

좋은 밀원식물의 조건

향기로운 꽃에는 항상 달콤한 꿀도 함께 있을 것 같지만 사람의 눈에 보기 아름다운 꽃 중에는 꿀벌에게는 전혀 의미가 없는 꽃도 있다. 양봉장 주변에 꽃꿀과 화분의 함유가 많은 식물을 중심으로 조성한다면 효율적인 양봉을 할 수 있다.

 꿀벌이 좋아하는 꽃에는 몇 가지 조건이 있다. 기본적으로 먼저 꿀벌의 먹이가 되는 꿀과 꽃가루의 생산량이 양적으로 많아야 한다. 형태적으로는 꿀샘이 얕아 이용이 용이한 꽃이어야 하는데 일벌의 대롱이 도달할 수 있는 깊이에 있어야 꿀의 수집이 가능하다. 반대로 밀선이 얕아 너무 외부로 드러난 꽃의 경우 이슬이나 비에 꽃꿀이 씻겨 나가 수집량이 작아진다. 꽃의 모양은 지면을 향하지 않고 위쪽이나 옆을 향해 있어야 일벌이 꿀을 수집하는 작업을 잘 할 수 있다. 아래를 향해 피어있는 꽃에서 꽃꿀을 수집하기 위해서는 일벌의 체력소모가 많아진다.

한 마리의 일벌은 하루에 한 종류의 꽃만 방문하는 특징이 있다. 동일한 종류의 꽃이 다량으로 밀집하여 피어 있어야 유리하다.

꽃꿀의 유밀량이 많은 꽃이라 하더라도 햇빛과 기온 등의 기상에 따라 개화 기간이나 유밀량이 달라질 수 있다. 대표적 밀원인 아카시의 개화기간은 일주일 가량인데 그 기간에 바람이 많이 불거나 비가 내리면 꽃이 금방 져버리고 일벌의 수밀 활동에도 지장을 주어 꿀 수확량이 급감한다.

밀원식물 가운데는 메밀, 들깨 등과 같은 식량이 되는 작물들이 많고, 헛개나무, 매화나무처럼 부가가치를 높일 수 있는 식물이 많기 때문에 꿀의 생산과 더불어 경제적 이득을 만들어 낼 수 있다.

계절별 주요 밀원식물

 봄철 밀원식물

다음과 같이 봄철 밀원식물을 월별로 정리해볼 수 있다.

- **3월** : 동백나무, 갯버들, 꽃다지
- **4월** : 회양목, 수양버들, 매실나무, 유채, 진달래, 앵두나무, 산수유나무, 민들레, 벚나무, 살구나무, 배나무, 파 등
- **5월** : 자운영, 참나무, 소나무, 고로쇠나무, 아카시나무, 등나무, 감나무, 족제비싸리, 쥐똥나무, 찔레, 옻나무, 마가목, 클로버

족제비싸리

쥐똥나무

유채

십자화과 순무우속에 속하는 두해살이 초본식물로 제주도를 대표하는 밀원식물이었으나 기후 변화로 중부지방에서도 많이 재배되고 있다. 군락을 이루고 피어있을 때 아름다운 모습에 전국적으로 유채꽃 축제가 많이 열리고 어린순은 나물로 먹고 열매로는 기름을 짤 수 있어 경제성이 높다.

유채꿀은 포도당 비율이 높아 결정 현상이 심하지만 소화, 흡수가 잘 되어 어린이나 노인이 섭취하기 좋으며 신선한 풀냄새가 난다.

벚나무

장미목 낙엽교목인 벚나무는 전국에 걸쳐 서식하고 최근 은행나무를 대체하는 도심의 가로수로 가장 많이 조성되고 있는 수종 중 하나이다. 서울은 가로수 수종 가운데 9.2%가 벚나무로 구성되어 있다고 한다(서울 연구원 2012).

최근 농촌진흥청의 연구 결과에 따르면 벚꽃꿀은 멜라민 생성에 관여하는 티로시나아제 활성을 억제하여 미백에 효과적이라고 한다.

아카시

아카시 나무는 장미목 콩아과의 낙엽교목으로 적응력과 번식력이 좋아 전국에 서식하고 있지만 최근 잎이 누렇게 변화는 황화현상과 나무의 노령화로 꿀 생산량이 줄어들고 있는 추세이다.

우리나라에서 최상등급 꿀에 속하는 아카시 꿀은 국내 생산량의 70% 이상을 차지하고 있으며 헬리코박터균 억제 효과가 있는 것으로 알려지고 있다.

클로버

클로버

클로버는 꽃꿀의 분비량이 많은 대표적인 밀원이다. 장미목 콩과의 여러해살이 풀로서 질소 고정효과가 있어 녹비 작물로도 우수하며 특히 크림슨 클로버가 녹비작물로 가치가 높다. 우리나라에는 화이트 클로버가 많이 자생하는데 클로버 꿀은 결정 현상이 많이 발생한다.

🐝 여름철 밀원식물

여름철 밀원식물을 월별로 다음과 같이 정리해볼 수 있다.

- **6월** : 호박, 다래, 고추, 대추나무, 밤나무, 감나무, 담쟁이 덩쿨
- **7월** : 피나무, 달개비, 산초나무, 참깨, 옥수수, 싸리, 금밀초, 쉬나무, 익모초, 무궁화, 도라지, 엉겅퀴, 헛개나무
- **8월** : 쉬나무, 참싸리, 모감주, 해바라기

해바라기

감나무

익모초

모감주

밤나무

꿀 중에서 호불호가 가장 많이 갈리는 것이 밤꿀이다. 특유의 씁쓸한 맛 때문에 요리에 사용하기에 부적합한 꿀로 칼륨, 철분 등이 많이 함유되어 있고 기침을 가라앉히는데 효과가 있어 음식보다는 약으로 많이 사용된다.

헛개나무

갈매나무과 낙엽교목으로 숙취해소에 효과적인 간 보호작용이 뛰어난 특용수종이다. 헛개나무 꽃은 평균 15일의 긴 개화 기간을 가지고 있고 화밀의 분비량도 많아 아카시를 대체할 수종으로 각광받고 있다. 헛개나무는 많은 꿀 분비량과 긴 개화기간 이외에도 다양하게 활용 가능하다. 헛개나무의 어린잎은 쌈으로 먹거나 장아찌로 먹으며 열매는 가을에 채취하여 말렸다가 씨앗을 제거 후 달여 마시면 소화 불량에 효과적이다. 뿌리는 관절염과 간 독소 해소에 쓰이고 봄에는 수액을 채취할 수 있는데 간질환과 위장병에 마시면 좋다. 목재는 또한 건축재나 가구재로 활동되기에 헛개나무 하나만 가지고 농장을 운영하여도 충분하다 할 수 있을 것이다.

쉬나무

쉬나무는 우리나라가 원산지인 고유 수종으로 영문명이 Bee bee tree일 정도로 꿀벌들이 좋아하는 나무이다. 7월과 8월에 걸쳐 개화하는 쉬나무의 꽃은 개화량도 많은데다가 개화 기간도 28일로 길어 여름철 장마기의 중요한 밀원이다.

꽃의 개화량이 많은 만큼 종자로 많이 열리는데 옛날에는 기름을 짜서 해충구제에 쓰기도 하고 등불을 밝히는데 사용하기도 하였다. 최근 쉬나무 종자 기름을 디젤 엔진의 연료로 사용하는 연구가 활발히 이루어지고 있다.

무궁화

대한민국의 국화인 무궁화는 꽃꿀의 분비량은 많지 않지만 꽃가루가 많고 7월에서 10월까지 개화기간이 길어서 좋은 화분원 밀원이다.

무궁화

🐝 가을철 밀원식물

가을철 밀원식물을 월별로 다음과 같이 정리해볼 수 있다.

- **9월** : 부추, 들깨, 메밀, 고들빼기, 고마리, 쑥
- **10월** : 황금초, 향유

고들빼기

부추

메밀

물 빠짐이 좋은 사질 토양에서 잘 자라는 메밀은 성장 속도 또한 빨라 파종 후 1개월 이내에 개화가 되어 1개월 이상 개화가 지속된다. 봄과 가을 두 번 파종할 수 있는 메밀은 밀원이 부족한 지역에서 조성하기 좋은 식물이다.

메밀

쑥

훈연을 위한 재료로 가장 많이 사용되는 쑥은 우리나라 어디를 가더라도 볼 수 있는 풀이다. 적응력과 번식력이 좋기 때문에 관리를 하지 않으면 쑥대밭이 되어버린다 하며 잡초로 취급하기 쉬운데 양봉가에게 쑥은 다방면에 유용한 식물이다. 이른 봄에 채취하여 식용할 수 있고 세력이 왕성하게 자라는 여름에 잘라서 말려두면 좋은 훈연제가 된다.

눈여겨보지 않았다면 잘 관찰하기 힘들겠지만 쑥에도 꽃이 핀다. 담자홍색의 꽃이 8~9월에 걸쳐 피는데 중요한 꽃가루의 공급원이 되어 준다.

양봉 용어

양봉을 배우기 위해 필요한 양봉 관련 용어와 양봉 관련 자재 용어에 대해 알아보자.

양봉 용어 해설

- **봉군** : 무리를 이루어 생활하는 꿀벌의 세력을 이르는 말로 여왕벌, 일벌, 수벌이 적절히 갖추어진 생활 단위를 이르는 말
- **내검** : 양봉가가 벌통의 뚜껑을 열어 봉군의 상황을 살피고 적절한 조치를 취하는 일
- **여왕벌** : 산란을 담당하는 여왕벌의 수명은 5년 이상으로 알려져 있으며 하나의 봉군에는 단 한 마리의 여왕벌이 존재한다.
- **수벌** : 봉군 내에 10% 정도 존재하는 수벌은 일벌에 비해 큰 체구를 가지고 있다. 스스로 먹이 활동을 하지 못하고 침이 없어 방어 기능도 없다. 낮이면 특정한 장소에 모여 있던 수벌들은 여왕벌이 교미비행을 나오면 몰려가 교미를 시도한다. 교미에 성공한 수벌은 곧 죽으며 교미를 하지 않은 수벌은 겨울이 다가왔을 때 일벌에 의해 봉군에서 추방

된다.

- **일벌** : 하나의 봉군 안에 2만 ~ 6만 마리의 일벌이 있으며 육아, 청소, 꽃가루와 꿀 수집, 밀랍으로 벌집 짓기 등의 일을 담당한다. 일벌의 수명은 태어난 시기에 따라 약간씩 달라지는데 활동량이 많은 봄, 여름에 태어난 일벌은 50일 정도 살아가고 활동량이 많지 않은 가을, 겨울의 일벌은 6개월 정도 생존한다.

- **강군, 약군** : 봉군의 세력 크기를 이르는 말로 일벌의 수가 많고 활동성이 강하면 강군, 반대이면 약군이라 부른다.

- **산란** : 여왕벌이 알을 낳은 것을 의미한다. 여왕벌은 교미 비행을 통해 저장한 정자를 통해 5년간 산란을 지속할 수 있다. 산란력은 교미 비행 이후 2년 이내에 최대를 이루며 그 이후에는 산란력이 점차 감소한다. 여왕벌이 낳는 알에는 수정란과 미수정란 두 종류가 있는데 수정란에서는 일벌과 여왕벌이, 미수정란에서는 수벌이 발생한다. 봉군 내에 여왕벌이 장기간 없거나 정상적이지 못할 때 일벌의 산란 기관이 발달하여 일벌이 알을 낳을 수 있기도 하지만 일벌의 알을 미수정란으로 수벌만 발생한다.

- **분봉** : 여왕벌이 세력의 일부와 함께 벌통을 떠나 새로운 장소로 옮겨가는 현상. 분봉을 나가기 전 봉군에는 세력을

이어나갈 새 여왕벌의 후보인 왕대가 만들어져 있어 세력을 이어나간다.

- **분봉열** : 분봉이 발생하기 전에 일어나는 증상으로 봄철에 주로 발생한다.

- **증소, 축소** : 봉군의 세력 정도에 따라 소비를 넣어주는 일을 증소, 소비를 빼주는 것을 축소라 한다.

- **합봉** : 2군 이상의 봉군을 하나로 합치는 것. 서로 다른 세력을 바로 합하면 싸움이 발생하므로 적절한 합봉 조치를 취한 후 합봉을 실시해야 한다.

- **도봉** : 일벌이 다른 벌통에 침입하여 꿀을 훔쳐오는 행위. 밀원이 부족하거나 긴 장마로 저장한 먹이가 부족할 때 주로 발생한다.

- **선풍 작업** : 벌통 내부의 습도 조절을 위해 일벌이 소문 앞이나 벌통 내부에서 날개 짓으로 바람을 일으키는 행위

- **탈분** : 벌들의 대사 활동 결과로 배출하는 분비물. 월동 기간에 봉구를 형성하고 생활하던 일벌들이 봄이 되어 활동을 시작하면서 집단적으로 탈분하여 주변에 피해를 입히기도 한다.

- **봉구** : 변온 동물인 꿀벌이 겨울 동안에 체온 유지를 위하여 벌통 내부에서 공처럼 뭉쳐 있는 모습. 겨울 동안에 벌

통 내부에 저장해 놓은 꿀을 따라 위치를 이동하며 생활하며 봉구의 이동에서 탈락한 일벌은 체온을 유지할 수 없어 죽게 된다.

- **구왕** : 태어난 지 1년 이상된 여왕벌. 일반적인 양봉농가에서는 매년 여왕벌을 교체하여 산란력을 최대로 유지하려 한다.

- **처녀왕** : 왕대에서 출방하여 아직 교미 비행을 마치기 전의 여왕벌

- **신왕** : 올해 새로 태어난 여왕벌로 교미를 마치고 산란을 시작하면 신왕이라 부르게 된다. 여왕벌의 등에 표시팬으로 칠을 해두면 여왕벌의 이력을 관리하기 쉽다.

- **교미 비행** : 왕대에서 출방한 여왕벌은 출방 후 일주일 정도 지난 후 교미를 위해 벌통 밖으로 나간다. 한 번의 교미 비행에서 10여 마리의 수벌과의 교미를 통해 정자를 저정낭에 보관한다.

- **페로몬** : 여왕벌 물질이라고도 부르는 페로몬에 의해 봉군이 하나의 세력을 유지한다.

- **벌집** : 일벌이 밀랍으로 만든 육각형 모양의 공간으로 일벌과 수벌이 태어나는 공간이며 꽃가루와 꿀을 저장하는 공간으로 다양하게 활용한다.

- **왕완** : 여왕벌이 성장할 수 있도록 충분히 큰 벌방으로 측면으로 만들어지는 일반적인 벌방과 달리 지면을 향해 만들어진다.
- **왕대** : 왕완에 여왕벌이 산란을 하고 애벌레가 성장하고 있는 상태를 왕대라 부른다. 왕대 안에서 자라는 애벌레는 로열젤리를 먹으며 성장한다.
- **밀원식물** : 꿀벌의 먹이가 되는 꽃꿀과 꽃가루를 함유하고 있는 식물. 건강한 꿀벌의 생활을 위해서 양봉장 근처 밀원식물 분포를 확인해야 한다.
- **유밀기, 무밀기** : 밀원식물이 많이 피는 시기를 유밀기, 꽃이 피지 않거나 일벌이 꽃꿀 수집 활동을 하기 어려운 시기를 무밀기라 한다. 우리나라에서는 여름철 장마기와 늦가을이 대표적인 무밀기이다.
- **정찰벌** : 최적의 밀원이 분포한 곳을 알아오기 위해 먼저 활동을 시작하는 숙련벌. 춤언어를 통해 동료 일벌에게 정보를 전달한다.
- **춤언어** : 정찰벌이 벌집 위에서 일정한 모양으로 몸을 흔들거나 움직여 자신이 가진 밀원에 대한 정보를 전달하는 모습. 다른 일벌들은 진동을 통해 정보를 전달받는다.
- **사양** : 봉군에 당액이나 화분떡을 먹이로 주는 일

- **전화효소** : 꽃에서 수집해온 꽃꿀을 일벌이 뱃속에서 분비하는 전화효소를 이용하여 꿀로 전환한다. 자당이 주성분인 꽃꿀은 전화 과정을 거치면서 포도당과 과당으로 바뀐다.

- **밀랍** : 일벌 배의 7마디 중 3, 4, 5, 6번 마디에서 1쌍씩 밀랍 비늘을 분비한다. 일벌은 분비된 밀랍을 뒷다리를 이용해 입으로 옮겨와 반죽하여 벌방을 짓는다.

- **프로폴리스** : 일벌이 여러 식물에서 모아오는 수지에 일벌의 침과 효소를 섞어서 만드는 물질. 항염증, 항산화 기능을 가지고 있으며 여름철에 주로 만들어진다.

- **로열젤리** : 어린 일벌의 몸에서 분비되는 물질로 왕유라고도 부른다. 수정란이 여왕벌로 성장하기 위해서는 전 성장 기간 동안 로열젤리를 공급받아야 한다.

- **화분(꽃가루)** : 꽃의 수술에 있는 생식 세포로 일벌은 꿀을 수집하는 과정에서 꽃의 수분작용을 도와주며 꽃가루도 함께 수집한다. 일벌은 몸에 붙은 꽃가루를 모아 꿀과 함께 반죽하여 경단 모양으로 만들어 뒷다리에 붙여 온다. 단백질을 주성분으로 하는 화분은 애벌레의 성장에 필수적인 먹이이다.

- **봉개** : 유충이 성장하여 번데기 상태가 되면 일벌이 밀랍으로 벌방의 입구를 덮어주는 일

- **밀개** : 수집해 온 꽃꿀의 전화가 끝나면 일벌이 꿀의 장기 저장을 위하여 꿀이 저장된 벌방의 입구를 밀랍으로 덮는 일. 이때의 꿀의 수분도는 17% 정도이다.

- **헛집** : 양봉가가 넣어주는 벌집틀 이외의 공간에 만들어지는 벌집. 꿀이 저장되어도 관리하기 어려워 주로 내검칼로 잘라낸다. 제거한 밀랍은 모아두었다가 밀랍초를 만드는 데 사용한다.

- **채밀** : 양봉가가 벌방에 저장된 꿀을 수확하는 작업

- **생꿀** : 수분도를 조절하기 위한 열처리를 하지 않은 꿀. 열에 약한 비타민 등이 파괴되지 않았고 꿀 특유의 향이 살아 있다.

- **이동양봉** : 꽃의 개화에 맞추어 위치를 이동해 가며 벌을 관리하고 꿀을 수확하는 양봉 방식

양봉 관련 자재 해설

- **벌통** : 벌들이 생활하는 공간. 나무, 스티로폼, 플라스틱 등 다양한 소재의 벌통이 있으나 우리나라에서는 나무 벌통을 선호한다.
- **단상** : 위로 쌓을 수 있는 랑스트로스 벌통의 기본이 되는 벌통으로 뚜껑과 바닥이 있는 형태이다.
- **계상, 삼상** : 단상 벌통 위에 올려서 사용하도록 만들어진 벌통으로 위와 아래가 뚫려 있다. 봉군의 세력이 확장하면 단상의 위에 올려서 사용한다. 2층으로 올리면 계상, 3층까지 올라가면 삼상이라 부른다.
- **교미상** : 처녀 여왕벌의 교미를 위한 용도로 사용되는 벌통이다. 하나의 벌통을 여러 개의 공간으로 나누고 입구를 여러 곳에 만들어 동시에 여러 마리의 여왕벌이 교미를 할 수 있도록 만들어졌다.
- **소문** : 벌통의 전면에 위치한 벌들이 드나드는 문으로 계절

과 상황에 따라 입구의 크기를 조절한다.

- **착륙판** : 소문 앞쪽에 설치하는 도구로 꿀을 수집해 들어오는 일벌들이 안정적으로 착지할 수 있도록 도와준다.

- **훈연기** : 연기를 쏘여 일벌의 활동을 일시적으로 위축시키기 위하여 사용하는 도구. 훈연 재료로 말린 쑥을 주로 사용한다.

- **격왕판** : 일벌보다 여왕벌의 크기가 약간 큰 것을 이용하여 여왕벌의 활동 공간을 제한하는 도구로 수평격왕판과 수직격왕판 두 종류가 있다. 수평격왕판은 단상과 계상 사이에 설치하여 여왕벌이 단상에서만 산란을 할 수 있도록 만들어 계상을 꿀 저장을 위한 공간으로 조정한다.

- **격리판** : 벌들의 활동 공간을 제한하기 위해 소비의 가장 바깥쪽에 끼워 사용하는 도구. 공간을 완벽하게 구분하지 않으며 격리판 외부로 넘어온 벌들이 많으면 중소를 통해 벌들의 활동 공간을 늘려주어야 한다.

- **급수기** : 소문에 끼워서 사용하는 물통. 일벌이 애벌레를 키울 때 물이 필수로 필요하기 때문에 깨끗한 물을 항상 제공해 주어야 한다.

- **<u>소초</u>** : 밀랍으로 만들어 놓은 벌집의 기본틀. 육각형의 모양이 미리 만들어져 있어 일벌이 벌집을 짓기 쉽게 만들어

준다. 시트 형태로 판매되는 소초는 소광대에 부착하여 사용한다.

● **소광대** : 벌통에 넣어서 벌들이 집을 짓도록 만들어 놓은 나무틀. 소초를 부착하여 사용할 수 있다.

● **소비** : 양봉가가 벌통 내부 관찰을 쉽게 할 수 있도록 만들어 놓은 틀을 부르는 이름. 소초광, 소광대, 이단소광대 등을 통칭하여 소비라 칭한다.

● **개포** : 벌통의 가장 상단부에 뚜껑을 덮기 전에 까는 천. 벌통 뚜껑에 헛집이 생기는 것을 막아주고 보온 기능을 한다.

● **왕롱** : 여왕벌의 이동을 위한 도구. 여왕벌을 다른 벌통에 유입할 때 사용하기도 한다.

● **내검칼** : 밀착되어 있는 소비를 떼어낼 때 사용하거나 수벌방 제거, 헛집 제거 등에 사용하는 다용도의 양봉 전문 도구

● **봉솔** : 소비에 붙어 있는 벌을 털어내는 목적으로 사용하는 빗자루

● **밀도** : 꿀을 채밀할 때 밀개된 꿀의 덮개를 쉽게 벗겨내도록 구부러진 칼

● **채밀기** : 회전할 때 생기는 원심력을 이용하여 벌방 안의 꿀을 꺼내는 기구

● **화분떡** : 꽃가루의 수급이 힘든 시기에 봉군에 넣어주는 애

벌레의 먹이. 화분이나 대두 단백을 덩어리 형태로 반죽해 놓은 것으로 소비 위에 올려놓으면 일벌이 벌방에 옮겨 저장한다.

- **프로폴리스망** : 프로폴리스의 채취를 위해 개포 아래에 설치하는 망
- **소비이동강철** : 벌통을 옮길 때 소비의 흔들림을 방지하기 위해 끼우는 긴 철사
- **방충복** : 안전한 내검을 위해 착용하는 양봉 전문 복장
- **이충침** : 여왕벌 양성이나 로열젤리 생산을 위해 애벌레를 이충할 때 사용하는 도구
- **플라스틱 왕완** : 일벌이 만드는 왕대의 크기와 비슷하게 만들어진 플라스틱 도구. 여왕벌이 플라스틱 왕완에 알을 낳아 왕대가 만들어지면 떼어서 다른 벌통으로 옮기는 것이 가능하다.
- **채분기** : 화분의 채취를 위해 벌통 입구에 설치하는 도구. 일벌 한 마리가 겨우 통과할 수 있는 구멍이 뚫려 있어 소문을 통해 들어가던 일벌의 다리에 붙은 화분 경단이 떨어져 모이게 된다.

쉽게 배우는 도시 양봉

도시 양봉을 하다

1쇄 발행 2018년 4월 5일

편저자   김진아
펴낸이   남병덕
펴낸곳   전원문화사
주 소   서울시 강서구 화곡로 43가길 30 2층
         T.(02)6735-2100, F. (02)6735~2103
등 록   1999. 11. 16. 제1999-053호